U0929667

# 一辈子做女王

创造属于自己的幸福力

女王◎著

*You are the Queen Forever*

版贸核渝字(2010)第191号
图书在版编目(CIP)数据

一辈子做女王 / 女王 著. －重庆:重庆出版社，2011.1
ISBN 978-7-229-03303-3

Ⅰ.①一… Ⅱ.①女… Ⅲ.①女性—人生哲学—通俗读物
Ⅳ.①B821-49

中国版本图书馆CIP数据核字(2010)第232648号

一辈子做女王
Yibeizi Zuo Nüwang
女王 著

**出 版 人**：罗小卫
**策　　划**：华章同人
**责任编辑**：陈　丽
**特约编辑**：黄卫平　王春霞
**责任印制**：杨　宁
**封面设计**：熊琼工作室

重庆出版集团
重庆出版社　出版
(重庆长江二路205号)
三河九洲财鑫印刷有限公司　印刷
重庆出版集团图书发行公司　发行
邮购电话：010-85869375/76/77转810
E-mail：bjhztr@vip.163.com
全国新华书店经销

开本：880mm×1230mm　1/32　印张：7.75　字数：150千字
2011年1月第1版　2011年1月第1次印刷
定价：28.00元

如有印装质量问题，请致电023-68706683

# Contents

## 目录

## Part 3 写给二十几岁的你：爱情，只是一道甜点！



## Part 4 写给三十几岁的你：成为一个“值得更好”的女人

# Contents

## 目录

## Part 7 活到老，正到老！人生现在才开始！

# Preface

## [前言]

一开始说“我 30 岁了!”需要鼓起勇气，后来我发现自己对此一点也不感到害羞，反而觉得很骄傲。

写这本书，是要献给许多二十几岁、曾经跟我一样迷惘的女孩，以及跨越 30 岁后跟我一样努力的女人。我们在这个过程中，该怎么思考我们自己的人生?

两年前我的第一本书《我是女王：那些好女孩不懂的事》出版，第二本书《我是女王 2：那些坏男人教我的事》紧接着出版，很幸运我成功地成为许多人眼中新一代的两性作家。但是，也因为这样的期许和压力，我花了很多时间去适应我越来越多彩多姿的工作。

经历了这些年的迅速成长，回头看前两本书——我 25 岁时写的那些文章，我发现，我变得跟以前不一样了。

以前的我是个女孩，现在的我，经历和成长让我成为一个女人。以前总是带着刺，不断批判、直率地说出自己的意见；现在更懂得思考、体贴、设身处地，更成熟地看待人事物。经历了迈入 30 岁的阶段，30 岁后的我又有了和二十几岁时不同的体悟。这些过程我很想分享给那些曾经跟我一样迷惘困惑的女孩。

当年的我，从没想过，过了 30 岁的我会过得比过去更快乐、更有自信。二十几岁的我以为 30 岁后就要迈入一个黑暗世界，但没想到，我过了 30 岁后，才找到自己的一片天空和阳光，才开始发光发热。

30 岁以前的我总觉得要早点结婚生子，赶着搭上列车才会“不出错”；但是，30 岁以后的我，突然改变了想法，我不赶着搭列车，追随别人定的时刻表。我想要自己开车，去认真地欣赏人生的风景。这或许比较麻烦、比较累、比较冒险，但是，我只想自己掌握人生的方向盘。

两年来，我不断在博客上发表作品，也意外地出版了一本旅游书《女王 i 曼谷》，开启了我旅游写作的路线——我的人生真是充满了意外与好事！现在我会继续写旅游作品，但始终念念不忘的就是我的两性书系列。距离上一本已有两年的时间，对一个作家来说实在是拖了太久，也有很多读者纷纷询问与期待我的新作。

但是，我并不是想当一个多产作家，我也没这个能耐。在这两年的时间里，我一直在成长蜕变，因为工作不断磨炼自己，也看了更多、想了更多，决定在 30 岁写这样的一本书，也是纪念与代表我写两性作品的一个里程碑。

现在有许多两性书籍，但我一直觉得缺乏一本为二十几岁这个族群的女生写的成长书，或是一位可以站在这个年纪、阶段和位置的作者，能将心比心地为她们写一本励志书，告诉身边的女孩们要怎么在这个社会中，面对年龄压力、抛掉别人给的包袱，在这个新时代做一个自信、快乐并活出自我的新女性。

每一次在演讲中接触读者，看着她们需要帮助与鼓励的眼神，感受着她们的支持，我都会暗暗下决心，一定要做一个能够让更多女人快乐的作家。

写作，是我的使命。当一个能够付出、爱人、让别人快乐的人，使我的人生更有意义。

我并不是特别聪明的女人，我并没有比你们特别，所以我说，你们经历过的我也经历过，我们都一样受过伤、跌过跤，我们都努力地寻找爱、相信爱，也认真地爱着、生活着。我们都是一样的女人，所以我愿意用心写作分享，让我们都可以成为更好的女人！

感谢你们一直以来的支持，让我能够不断地写下去。

希望每一个女孩、女人都要快乐，希望你们信心满满地开始读这本书！

同时也希望男人能通过这本书懂得女人，懂得做一位好男人。

希望读这本书的每一个人都能成为一个爱得值得，也值得被爱的人！

# 败犬女王？女人 30 向前走

自信是永不褪色的美丽，
没有自信的女人，即使长得再美也经不起时间考验，
一直否定自己的女人，也会阻碍自己往好命的方向走。
吹了 30 岁的生日蜡烛后，我感动自己迈向另一个阶段的人生，
而我相信我的人生会往更好的方向、更棒的未来走下去！
女人 30，现在的你我才正要开始发光发热！

# 当我吹了 30 岁的蜡烛之后

“女人过了 30 岁就会越来越没有身价！”

“女人到了 3 字头，party 就结束了！”

老实说，两三年以前，我很怕自己一旦到了 30 岁大关，就会像很多女生一样，脱离 2 字头，变成 3 字头的老女人。25 岁以前，还觉得自己有挥霍不完的青春；25 岁以后，突然发现时光飞逝比想象中还快，一下子，就要面临 3 字头的考验，尤其在 29 岁的时候就像数着指头过日子。很多女生每一年生日都插上问号的蜡烛，害怕面对自己的年纪，生怕插上的数字越来越大。

就像很多人所说，女人一到 30 岁就好像瞬间变老了，再也不是二十几岁，甚至有人以“party 结束了！”来形容女人 30 岁。几年前我看到《败犬的远吠》这本日本翻译书，我还会愤愤不平地说：“为什么未婚就要当败犬？”

但是，过了这两年——在我 2007 年出书后，生活经过了很大的改变，人生突然瞬间成长，我觉得自己改变了好多。二十几岁和 30 岁的我，对很多事情有了不同的看法，如果要用一句话来说，我觉得自己变得可以很自在坦然、轻松又舒服地面对很多事情。

然后，我突然发现，以前恐惧 3 字头、害怕变老的我，居然一点也不害怕 30 岁那天的来临，以前讨厌别人嘲笑未婚的女生是败犬、年纪大的女生会没有人要，现在居然一点也不会生气了，反而一笑置之或坦然地说：“对！我就是 30 岁了！”我不会隐瞒自己的年龄，也不介意别人觉得我老了这个事实。

以前的我，一直想着 30 岁以前要结婚、把自己嫁掉，但是现在居然乐于享受单身败犬的生活，不把婚姻当做压迫自己的理由，也不再把年纪、结婚当做给自己的压力。

这两年来，我所经历的事情让我整个想法改变了。我变得更有自信、更豁达，更自在乐观地面对所有女人会在社会上面临的考验。就像我开始很坦然地面对自己即将“变老”这个事实，我很感谢自己有了变老的这个过程。我觉得自己每一年都没有白活，每一年回头看都觉得自己变得更好，因此，我花了这些岁月和时间，才是这么的有价值。

有人会说，女人过了 30 岁身价就下跌，而我的一切都变得比年轻时更好，我反而觉得我的身价越来越高。我变得比过去更好看（老实说我以前真的长得不好看，25 岁以前长相靠运气，25 岁以后长相真的是要靠后天努力和个性修养），比过去更有自信、更圆融、更有工作和生活经验、更懂得自己要的是什么、不要的是什么，更磨炼了自己的锐气，也更懂得体谅别人、谦虚待人，更了解这个世界……我觉得自己像海绵一样在不断快速吸收成长。

身价就像可以陈年的酒，并不是每一种酒都经得起陈年。有的酒刚开瓶时有甜美的气泡，但如果不马上喝了它，过不了多久气泡就没有了，变得过甜过腻，像糖水一样没有了价值。有的酒起初喝不出它的风味，还带点涩，但放久了会散出阵阵香气，放越久越好喝。你的身价是即开即饮的廉价酒，还是经得起陈年的好酒?

过了 30 岁，我对一切事情的想法不同了。我在意的不再是别人如何评价我，而是我如何评价自己。当我变成了更有价值的人，别人也会更懂得尊重我、重视我。一个人的价值应该是自己去定义，而不是交给别人去评价。我觉得，人生没有太多时间浪费在没有意义的人事物上，一定要学会分辨什么是“值得”的事，因此，我学会了什么该珍惜，什么该放下，什么该不放在心上。

现在若提到“败犬”一词（刚好电视剧《败犬女王》的关系，这词又红了），我不会像以前那样不悦，反而可以笑笑地说：“对啊！我是败犬，有自信，我很快乐！”

我不必像大多数人那样恐慌地活在别人给的框架下，因为，我很坦然地喜欢自己现在的状况；我不会因为没人爱而否定自己，不会因为嫁不出去而觉得自己滞销（老实说我觉得“嫁不出去”这个词很诡异，因为要嫁很容易，把自己戳瞎就好了，更何况很多人的老公真的就算送我乐透头奖奖金我都不敢嫁）；当然，我也不会因为自己要变老就开始唉声叹气、自暴自弃，然后每天哀怨

“好男人死哪儿去了?”“为什么男人爱小妹妹?”“我老了没有竞争力怎么办?”“再不找个对象嫁掉，以后会不会没人要?”……

天啊！这种女人，就算年轻时长得再美，也会瞬间变老变丑，变得愤世嫉俗、言语乏味、面目可憎，而且靠近她就仿佛乌云罩顶、运势变差。没有自信的女人即使长得再美也不可爱，一直否定自己的女人，也会阻碍自己往好命的方向走。

我真的觉得，我们可以从另一个角度看自己啊！面对自己的年龄，一点也不羞耻。男人可以越老越有身价，为何我们女人不能让自己越老越正、越老越聪明、越老越有身价呢?!

吹了30岁的生日蜡烛后，我感动自己迈向另一个阶段的人生，而我相信我的人生会往更好的方向、更棒的未来走下去！

二十几岁犯过的错误，三十几岁不会再犯，二十几岁跌倒过、失败过的眼泪，三十几岁让我更加坚强勇敢；感谢过去的我所付出、尝试过的一切，让我可以不断地成长、进步，从过去一个傻傻的女孩，成为一位更好的女人。

我的人生从30岁开始大步前进，没有一个人可以告诉你：“你的舞台没有了，如果你还不结婚，你的身价就会开始变低了，因为你已经是30岁的女人。”

女人30岁才开始，现在的你，才能自信从容、蓄势待发地站上人生舞台，所有的灯光照亮了你的眼睛，你努力了二十几年才得来的肯定和自信，你所经历的人生让你的眼神发光，这一刻你再也不会害怕，这是你的岁月带给你最好的礼物。

女人30，现在的你我才正要开始发光发热！

# 你浪费了我的青春?

很多女生和男友爱情长跑多年却没有结果，忍不住抱怨对方：“你浪费了我的青春!”但，女人的价值只有建立在青春上吗?如果把恋爱的结果看得比过程重要，那么你怎能确定，好的结果一定是结婚而不是分手?

有个女生跟交往多年的男友分手后，生气地说：“你为什么要耽误我的青春?”

原来是她向男友逼婚，可惜男友并没有结婚的打算，在一起多年后女生已经年过30，眼看身边的朋友个个步入礼堂，每次参加完朋友的婚礼都期待自己就是下一个新娘，无奈男友始终以“我还没准备好”当做理由，最后她从失望到放弃到分手，她说：“我很不甘心，我跟他在一起超过五年，人生最精华的时间都给了他，最后却换来这样的结果。如果他不想结婚，为什么不早说，为什么要浪费我的青春?”

说真的，我已经听过不少女人这样说过，很多人都说，这是男人的错，男人不应该耽误女人的青春，让女人错过找到好对象的“黄金时段”，等到错过了好时段，就像过季拍卖，只好一直降价求售，然后她们觉得错过“黄金时段”以至于错过好对象、好姻缘，千错万错都是男人的错，她们说：“不要耽误我的青春!”

她们觉得自己的时间、生命比男人珍贵，我一直不懂的是：“难道男人花的时间就不是时间，你的时间就是时间?”

难道你认为，他不“耽误”你的青春，你就可以拥有更好的人生?

之前去香港的时候，我在机场候机时逛了会儿书店，很高兴看到自己的书，然后随手拿起一本香港某作者探讨两性的书，其中一篇也讨论到这个话题，更辛辣的是这一句：“我有一位对女人有更深认识的男同性恋朋友很有智慧地指出，这些埋怨被男人耽误青春的女人，其实就算没有男人耽误她，她们的青春多半是白活的。她们应该庆幸她们找到一个男人分享她们原本白过的青春。”

我看到的时候，有点傻住，忍不住赞叹居然有这么坦白又贱嘴的告白。后来我想了很久，我开始思考什么是“耽误的青春”、什么是“白活的青春”，而我们又是怎么看待自己的人生。

我不懂的是，为什么很多女人要把自己当成“滞销商品”，有人摸了一下就要强迫买回家，或是问了半天不买、用了半天不买，你就要怪人：“你不是说要买吗，为什么不买?”但是，有谁规定顾客一定要买单？而且，为什么你把自己当商品，为什么决定要不要买的不是你而是他？为什么你要把自己当成强迫推销、降价促销的商品？为什么你不能自己当老板，卖不卖还要他来求你？为什么你把自己当成有“保存期限”的商品，过期了就只好出清？

为什么，你要把自己当滞销品？

你也可以当消费者，你也可以选择，为什么你要被选择？你也可以货比三家，你也可以有更多选择权，我不懂的是，为什么你要用“滞销品”的眼光看自己？

老实说，要是我是男人，要我摸一下就要买单，我也会跑得比谁都快。况且，承诺要买跟会不会买本来就是两回事，承诺愿意跟你结婚，也不代表会给你幸福的一生。当然，承诺、愿意负责很重要，至少愿意开口还算有担当，可是，相信承诺就代表幸福快乐的人，或许也必须努力扮演着幸福快乐来说服自己这是正确的选择。

或许到了一定的年纪，“以结婚为前提”的交往变得越来越重要。我不否认我也曾有这样的想法，我当然希望找到一个可以一起生活的伴侣，我的心态也老了，也不想在一段段感情中不断地跌倒又要爬起来。但是，能找到和你有“共识”的人，不代表他就一定不能离开你，你就不能离开他。

毕竟“以结婚为前提”并不是“以逼婚为前提”，如果把恋爱的结果看得比过程重要，那么你怎能确定，好的结果一定是结婚而不是分手？

你也可以换个角度看自己的青春，你也可以让自己越老越有身价，让自己的价值是经得起时间考验的，而不是用“没身价”来把自己当成滞销品出清。当你用这样的态度来看自己，别人也不会尊重你。如果你觉得别人耽误你的青春，那么我更觉得，是你的态度耽误了自己的青春。

你要过怎样的人生，那是你自己的事，为什么别人的承诺、负责，就一定让你的青春更有价值？如果他没有承诺、不负责，就让你的青春白活、让你失去价值，那么，你的价值究竟建立在哪里？

当然，你会怪别人欺骗，如果不打算结婚为什么要浪费你的青春？但是，回想过去那些不愉快的恋情，你会宁愿感谢他浪费你的青春，也不愿继续在一起耽误你未来的人生。

如果你把自己当滞销品，当然总会吸引贪小便宜的男人；如果你把自己当过期商品，自然会遇到看标签买新鲜货的男人；如果你把自己当瑕疵品，当然男人会用瑕疵价看轻你；如果你强迫推销，可能遇到一时冲动又事后反悔的人……

如果你的人生因为男人不愿意负责而白活，那么，你才是白活了自己的人生。而那些不愿意承诺的男人，他们不是不想结婚，只是不想跟你结婚。

老实说，他不想结婚，你也不一定要跟他结婚。他敢娶你，你也不一定敢嫁给他吧?!

我宁可浪费我的青春，也不愿你耽误我的人生。

## 不要浪费青春，所以要结婚？

很多人在一起久了，会继续在一起的原因并不是两人多相爱，而是“在一起久了，没有继续在一起很可惜”。

有个女性朋友想和交往多年已论及婚嫁的男友分手，她的母亲反对：“在一起那么久了，不结婚岂不是很浪费?”

女生很郁闷地说：“就当过去浪费了五年，没关系，我不希望未来的五十年都不快乐啊!”

我听着朋友说的话，想着“不结婚就等于浪费青春”的逻辑，在一起久了就要结婚才不会浪费过去的时间，于是乎，我们因为不愿浪费过去所花的时间，所以不管彼此有什么问题都要抱着“不浪费所以硬要凑成对”的心态，才不枉女方浪费的青春。浪费了可惜，硬凑合至少给彼此一个“交代”。

但是，这种“害怕可惜”与“不要浪费”的“节俭就是美德”心态，用在感情上着实诡异。

我反而希望，我的朋友赶快割舍那过去的五年，去创造下一个幸福的五十年。而且我相信，她若不与男方结婚，一定可以找到更好的男生。

很多人在一起久了，会继续在一起的原因并不是两人多相爱，而是“在一起久了，没有继续在一起很可惜”；很多人结婚，并不一定是两人多么希望对方是自己的另一半，而是“交往多年了，没有结婚很奇怪”，所以他们继续在一起，结了婚，尽了该尽的责任义务，给了大家一个圆满的交代后，开始不知足、不快乐。

日前看了《ELLE》杂志陶子姐的专栏，也刚好写到类似的故事。她有两个与男友交往超过八年、十年的女友，最后为了自己的理想和事业与男友分手。于是，我也观察到，过去常听到女人要求男人“不要耽误她的青春”而希望男人与她结婚，但现在却常听到女人因为“不希望男人继续耽误她的青春”而与他分手。

过去的女人害怕对方浪费自己逝去的时间，现在的女人反而害怕男人浪费她未来的时间。一样的“耽误青春”，却有不一样的解读和想法。

有个女性朋友和论及婚嫁的男友分手，原因是她的工作表现杰出获得升迁的机会，本来埋怨她太忙碌的男友跳出来第一个反对，怕她太忙婚后没有时间照顾家庭，常要加班出差无法胜任一个好妻子、好太太。

女生说：“我这么辛苦工作，到底是为谁辛苦为谁忙啊？还不是为了婚后可以有更好的生活？他忙我可以体谅，为何我忙他就不能体谅？他有本事让我当贵妇，我也可以不要这么忙啊！”最后她选择了梦想的升迁机会，让自己的生活更开阔，然后交往了另一个格局更大的男人。

另一个女生原本计划和男友一起购房准备结婚，却发现男友根本没有把这当一回事，几次看房都不想陪同，也对未来的计划拖了又拖。最后女生受不了，决定不跟男友一起购房，靠自己买下她喜欢的房子。旁人说：“难道你不劝劝男友一起跟你买房吗？两个人负担房贷总比一个人好。”

我反而觉得，还好她没有跟男友一起合资买房，至少分手后房子还是自己的，也免除了还要跟男方分钱算账的麻烦。男女朋友在婚前本来就不应该有任何金钱上的纠葛，最好婚后也不要有，人总是翻脸比翻书快，有血缘关系的都可以为了争产反目，更何况是随时都可能分手的情侣。

她说：“就算我辛苦一点付房贷，那也是我自己的房子。我不想再去要求他了！”不再一直等着男人一拖再拖的未来计划，不再等着男人何时准备结婚、何时才愿意一起买房，不再等待、不再求人。现在的她，更拥有了未来的自主权与决定权。

另一个女生告诉我：“过去我总是习惯同居，换一个男人搬一次家，现在买了自己的房子，我不知如何跟你形容，有一天我从我家醒来时的踏实与安全感是多么让我激动！”

我想到，许多人总要对方为自己浪费的青春负责，但是，对方不也花了同样的青春和时间？如果彼此都曾经用心付出过，为何要把这段时间当成“浪费”?

为何你总要对方为你负责，而你不必对自己负责?

我曾经也谈过一段很多年的感情，每次提到时，别人总是目瞪口呆地说：“你不可惜吗?”我一点也不可惜啊，如果因为这样我就踏入礼堂，那才可惜呢。不是对方不好，而是我相信我的人生除了踏入礼堂外，还有更多我想做、我必须做，我想实现、完成的事情。而这些事情不是要年纪轻轻地就找到白马王子从此过着幸福快乐的人生，而是“我不需要一位白马王子来拯救我的人生”。

没有“开花结果”的爱情不必否定，也不一定没有它的意义和价值。重要的是每一段经历中，你得到了什么，你是不是让自己越变越好，只有这样才不枉费这些日子你的努力。如果觉得自己浪费的青春只会让自己越来越没有价值，那么，你该想想，难道你的价值只剩下青春吗?

如果你值钱的只有青春，那么我希望，你能早日找到愿意买单的人。

人们往往因为和一个人交往许久却没有开花结果而感到可惜，但转念一想，这对你的人生来说其实是个更好的决定。多年后你一定会庆幸，还好当时你们做了这个决定。

朋友问：“难道你不害怕交往多年的男友离开你吗?”或许过去我真的会害怕，但是现在，我一点也不怕了，因为我相信，不管任何事情发生在我身上，未来一定都是好事！我一直相信着。

谢谢那些我爱过、爱过我、我爱着的人……

我从没有浪费过我的青春，我拥有的是更丰富的人生。

# 当奉子成婚成为一股风潮

愿意负责跟你结婚和愿意负责给你幸福的一生，是两回事。

对自己负责，绝对比找到愿意对你负责的男人，还要重要！

现在很流行奉子成婚，女王我这一两年也吃了好几场奉子成婚的喜酒……我发现甚至有七八成都是奉子成婚，多到让我怀疑：“如果没有怀孕，是不是很多人就不会结婚了？”

每当有人问我对先怀孕再结婚的看法，我都会说：“那是美丽的意外，不过我不是一个喜欢意外的人。”而且务实一点想，大肚子穿礼服不好看，结婚后也很难度蜜月，还没来得及享受夫妻生活，就要开始过父母生活……

美丽的意外，当然有可能是幸福故事的开端，但是意外无法掌握的变量太多，把幸福压宝在意外上，风险真的太高。更何况，这不只是你自己的人生，也是另一个生命的人生。

我最喜欢的影片《欲望城市》里，最令我错愕的剧情就是米兰达的意外怀孕到决定生下来当单亲妈妈。虽然最后她还是与男友结婚，也算是满足了观众对“完美结局”的期待，但因为意外生子，人生有太多措手不及的事必须去面对。戏剧是戏剧，现实生活并不是每个女人都能在意外怀孕生子后还能兼顾成功事业和生活质量，也不一定会因为生子而得来美满婚姻。

当然，我们都会认同因为怀孕结婚是双喜临门。我发现身边很多人交往若不是因为怀孕，还真的不会想结婚。我们当然会替女生找到有责任感的好男人感到开心，但我觉得肯负责跟你结婚和肯负责给你幸福的一生，是两回事。

我认识好几个因为奉子成婚的男人，虽然表面上还是大家认同的负责任好男人，但是其实他们根本没有准备好去扮演一个老公、爸爸和承担家庭重担的角色。有的男人会抱怨自己的人生就这样结束了（为什么人生是结束而不是开始？我也搞不清楚），有的男人还是想玩，有的甚至在小孩出生后马上搞外遇。当然，好的男人也是不少，但是与女人比较起来，不甘愿的男人总是比较多。

他们愿意在当下负责，不代表他能够永远尽责。

以前听过女人的说法是，生一个小孩就可以绑住男人。可惜现实是，你可以绑住一个男人的脚，但不代表可以绑住他的心。我倒觉得，与其希望因为意外生子而能拥有结婚证书或是幸福美满的生活，与其把后半辈子的赌注都压在意外来临的生命，不如做个能百分百掌握自己人生的聪明女人。

其实，在奉子成婚的喜讯满天飞时，我相信这世界上有更多人是因为意外怀孕而不得不选择堕胎的悲剧。每当我听到这些不开心的故事，我都好想跟她们讲："请你好好尊重、爱惜自己的身体。"事实上，数据显示，现在的堕胎数远高于人口出生数。

后来我才发现，现在女性对于避孕知识的了解真的不够，很多人甚至不清楚自己的生理周期。在网络上也常看到许多人讨论各式各样、千奇百怪的避孕方法。我觉得避孕知识，不只是女生，男生也要好好学习。不要再因为"无知"而让更多年轻人受伤害。

对于身心成熟的成年人来说，奉子成婚是更慎重的承诺，不只是婚约，更是组成一个家庭的责任。我非常喜欢看到朋友因为孩子，眼神绽放出来的爱与光芒，我替他们感到开心，每当我去喝喜酒总是被气氛感动得偷偷拭泪。

但是回到现实，我仍是一个不够浪漫且重视计划的人，我不买乐透、不赌博、不相信命运、不喜欢意外，更不喜欢不能掌控的人生。对我来说，许多的决定都不只影响自己，也影响别人的一生。所以，不必让上帝来决定你的命运，请让自己来决定自己的人生，决定什么时候想生孩子。

我更希望我是什么都准备好了，人生有足够的阅历后，再迈入下一个阶段。我不希望将来对我的孩子抱怨说，都是因为你的出生让我牺牲我的人生。这样对孩子来说，实在太不公平！

不管你什么时候想生，什么时候想结婚，什么时候准备好迈入下一步人生，都要记住："请对自己的身体负责！"

对自己负责，绝对比找到愿意对你负责的男人，还要重要！

# 女人在社会上面临的十大压力

女人们站起来！我相信从现在到未来，我们可以不断地靠自己的努力去克服这些压力，我们可以更有自信、更聪明、更有能力，可以创造自己的命运，活出自己的一片天！

为了了解现在女性容易遇到的问题，我曾在网络上开放读者留言讨论，身为女性，她们面临最大的社会压力、不平等、困境和挑战是什么？瞬间获得三百多位女性读者的留言，也让我借此明白许多女人的共同问题和困扰。

我发现，现在的女性，单身者、适婚年龄未婚者以及已婚的女性分别面对了许多社会家庭生活上的压力和问题，而且很妙的是，这些问题也几乎不会出现在男人身上。也感叹虽然时代一直进步，但是很多时候大家还是有着根深蒂固的传统思想和大男人主义，让女人在生活、工作、婚姻上面临许多压力，当女人不断地进步，要挑战、改变，甚至创造自己的命运时，需要付出的勇气和面对的外来压力的确是很大的。

我将女人所面对的十大压力整理出来给大家参考，也借机想跟各位读者一起思考，当你面对这些问题、盲点和不平等时，你要怎么去克服自己给自己的心理压力，以及身边亲友和社会上带给你的压力。

### 1. 女人 30 拉警报！过了适婚年龄还没结婚的压力

许多长辈以前会说："女人不管怎样都只有嫁人这条路，女人的人生成败就是有没有嫁对人！"于是，许多女人找不到好工作、生活面对困境很惶恐时，很多家族长辈只会跟你说找个人嫁就好，但是找个人嫁真的能解决问题吗？

小时候看了太多的童话故事，所有快乐的人生结局就是"王子与公主结婚后，从此过着幸福快乐的日子"，于是，婚姻成了幸福人生的结局。许多女人觉得只要结了婚，生活的困境和问题都可以得到圆满的解决。但是，越抱着这样的想法越容易发现婚后原来还有更多问题。找到一个人嫁了，根本不是解决问题的方法啊！

许多父母大多都觉得女人终究还是要嫁掉，人生才算完整，不然会被当异类，而且对亲友很难交代，也会没面子。于是，为了给这些对你人生来说一点也不重要的人"交代"和"面子"，就要逼你以结婚来封住他们的关心，减轻自己的压力，这么做值得吗？

许多女生抱怨到了适婚年龄就开始有人要主动介绍对象，不胜其扰，仿佛单身就很可悲，一定要有个对象才会快乐。如果你有了男友，不管是已过适婚年龄，还是和同一个人交往多年还嫁不掉，通通都得面对旁人的同情目光。

事实上，很多女生表示，她们看了许多人婚后的生活，并不觉得结了婚的人过得比较开心，她们并不是不想结婚，而是不想现在就结婚。她们很满意自己现在的生活，觉得很开心快乐，为何别人要来否定她们，认定她们一定过得不开心、一直为她们操心？

另外，社会上普遍认为男人越老越有魅力，女人越老越没自信。于是，30拉警报的女人害怕自己身价下跌，只能认赔杀出，所以求婚若渴地想要赶快终结单身、摆脱败犬人生。结婚，只是为了证明自己有人要，不必惶恐拉警报。我一直不了解，为何女人在这一点显得非常没自信。难道，女人不能越老越有魅力吗？女人的价值只有在青春上吗？

女人30岁未婚没男友就会被人说是个败犬、熟女，而男人过了适婚年龄，有稳定工作还不结婚，不管他花不花心都可以被公认为黄金单身汉，而女人不结婚有时还会被当做单身公害。这真是不平等的待遇。

不过，新时代的女人不同了。在女人越来越进步、有钱、有能力，视野变得更广阔之后，也可以摆脱传统的包袱和压力，做一个可以“自我认同”的女人。而你，要屈服这些压力还是跨越它呢？你的人生，应该由你自己决定！

### 2. 婚后生小孩的压力，生男生女也是压力

很多女人因为老一辈人的一句“没有生小孩，女人的人生就不完整”而感到害怕，害怕自己的人生因为没有生子而残缺。于是，可以看到许多女人拼死拼活，就算没有婚姻也要生一个小孩来使生命更加完整。

另外，女人也容易因为“过了多少岁后就很难生小孩”这个压力而感到恐惧，被自己的生理时钟逼得喘不过气。最可怕的就是一直被问何时结婚、何时生小孩，所有的人都在替你担心你的生理条件能否正常运作，你的卵巢会不会排卵，你是否生得出小孩，以符合这个社会的需求，但没有人问过你：“想不想生?”

但是，你自己想不想生呢?

另外，“重男轻女”的思想在现在的社会还是普遍存在，女生会在社会观念、长辈压力下希望生男孩，“传宗接代”的观念在这个世纪居然还存在也令人匪夷所思。所以你常可以听到怀了儿子生了儿子的女人四处被恭喜，仿佛她得到了奖杯、脱离了“求子”噩梦。女人的价值还在于生不生得出儿子，真是令人遗憾。

或许社会不断改变，传宗接代的压力不像过去那样，我也乐见现在的女人可以不必像过去背负这样沉重的担子，如果你没有这样的压力就实在太幸运了！我真的希望“生男生女一样好”不要只是口号。

女人一定要了解一点：“你想不想生?”肚皮的决定权在你身上，而不是在别人的嘴上。

### 3. 女人婚后有小孩在求职上的压力

许多女性表示，婚后在求职上的确存在着歧视和压力。甚至未婚的女生在求职时，会被问到“有没有男友?”“计划何时结婚?”“现在有生小孩的打算吗?”等，如果即将结婚或生子，就会比较难找到工作。

甚至有的女人怀孕后也会被迫牺牲掉工作，表面上说的是平等和尊重，但是很多女性表示，在职场上还是有不平等之处。有的女人有了小孩后，还要当职业妇女，如果经常为了小孩的事请假，公司也会有微词。这一点女性的牺牲真的比较大，比较少看到男人有此困扰。有了小孩似乎女生需要让步的空间变大，人家也都会认定“顾好家庭和小孩”是女人应尽的义务，而不是男人。即使是双薪家庭也是如此。

所以婚后有小孩还要工作的女性，真的比较辛苦!

### 4. 工作能力太强就会被说是个工作狂、男人婆

传统观念里，女人永远不能强过男性，但是现在，女人受到的教育和女人的能力也不输男人，职场上有许多杰出女性的表现甚至胜过男人。

但是，如果一个女人已婚后事业心强，别人会担心她能不能照顾好家庭；如果一个女人未婚、事业又好，别人会说都是因为她是工作狂所以找不到老公；如果一个女人没有男朋友会被笑称老处女，女人在工作上强势又被称男人婆。这样不平等的对待真

的很过分。

如果一个男人阻碍你发展，不支持你的工作事业，说来说去还是他没自信，怕你的风头抢过他，能力比他强。这样的人要来损你，你大可一笑置之。

能力太强应该是你的优点，而不是别人拿来压迫你的理由，更何况，女人工作能力强，在应变沟通上更懂得协调转圜。还有朋友笑称，如果女人没有家庭的压力，在各方面都会表现得比男人杰出，只是大多数女人会牺牲工作来成就家庭。

不要怕那些嫉妒你的人给你压力，好好做好自己、表现自己，当你可以成为一位工作生活和外貌都一流的女生时，男人以及社会都会懂得尊敬你。

会批评你的人都是不如你的人，既然如此，又何必跟 Loser 计较呢?

### 5. 男生追女生是追求，女人追男人是“倒追”

“男追女隔层山，女追男隔层纱”，于是许多女人一直觉得主动一点会显得随便，主动追男生还被当做“倒追”，一点身价也没有。

但是，我一直对“倒追”一词非常感冒，为何男追女就是正常，女追男就是“自贬身价、随便、倒贴”? 而“倒贴”一词又是非常的不尊重女生。难道男生追女生做的事情就不是“倒贴”吗? 有比较高尚吗? 为何要称女生“倒贴”而不是称男生“倒贴”?

试着想想其中的诡异之处，如果你身为女人还认同女追男是“倒追”，女生主动是“倒贴”，我觉得你真的是甘愿被贬又自己来侮辱自己！

如果一个男人觉得你主动一点就不尊重你、觉得你随便，基本上这种男人我们就直接 fire 他吧！何必被一个不懂得尊重女生的人糟蹋我们的价值。懂得爱你、尊重你的男生，绝不可能会觉得你是倒追、倒贴，他好好珍惜你都来不及呢，不是吗？

## 6. 男人花心是风流，女人花心是淫荡

男人出轨可以说是“犯了全天下男人都会犯的错”“一时迷惑”，第三者永远被称为狐狸精。男人劈腿被人说是天性，女人就是红杏出墙、水性杨花。男人有三妻四妾、莺莺燕燕，人家会说因为他有魅力，而女人有几个男友、多了几个男生搞暧昧（还不用到三妻四妾），就会被批评为淫荡、不检点、随便，真是大大的不公平！

我觉得最重要的一点是，女人真的要站起来，不要爱上风流的男人又给他找这么多借口不断地原谅他……怪男人风流，为何你又总是爱上没有责任感、爱劈腿的男人呢？这个社会上不断地播放男人花心是天生、娶小老婆是有钱的象征，男人有成就就有女人主动献身，让许多人把这些歪理当做是价值观。

一样的花心，不应该有两样的评价。

## 7. 已婚外遇，男人比较容易被原谅

为什么男人搞外遇，老婆要告第三者，第三者被骂狐狸精，大家也认为男人就是如此，而老婆通常会原谅男人；但如果是女人外遇就比较难以原谅，女人离了婚要再婚就很难，男人却很容

易。身为女人，难道就要接受这些不平等？

令人诧异的是，许多外遇事件发生，被穷追猛打的不是男主角，而是第三者。男人说声抱歉，回到依然会接纳他的家庭，女人的人生，或许就这样毁了。一样的外遇事件，女人跟男人比起来，女人付出的代价太大。

其实一直以来，外遇事件对男女的影响是不公平的。有的男人可以说“犯了全天下男人都会犯的错”，依然不影响他的家庭和工作，有的还会要老婆现身力挺。男人为了事业和前途宁愿糟蹋老婆尊严，说什么也要老婆忍气吞声以大局为重。

有的人可能因外遇丢了饭碗，但大部分的男人依然可以回归家庭。许多人总劝女人说，男人偶尔风流、在外逢场作戏，女人睁一只眼闭一只眼就好。

但是，女人就不同，女人大多可以原谅外遇的老公，但男人很少有这等雅量可以接纳外遇的老婆。女人外遇，即使不是被拍到开房间或在外偷生小孩这么严重的事情，就算只是牵了手，也会丢了工作和家庭，四处被封杀。诡诞的是，那个牵她手的第三者却不受影响，置身事外，依然可以正常工作。

常看到许多外遇抓奸的新闻，许多女人抓奸后大多只告第三者，而不告自己的老公。婚外情，男女都有错，但是，这个社会永远都会先指责第三者，而不是犯错的男人，大家怪狐狸精，胜过责怪自己的另一半。但是，男人若硬不起来，谁能强暴他？

我问到许多朋友，为什么一样的外遇事件，但是对男方和女方的伤害程度和影响不一样？许多人同意，因为从以前到现在，大家说“男人逢场作戏”本是理所当然，男人会犯“全天下男人都会犯的错”是天性，男人有魅力就是会风流。就算一个男人犯再多的错，还是有女人愿意原谅他的“一时迷惑”，还是有女人愿意一直默默守候。

我相信在离婚率这么高的现代社会，愿意默默守候原谅的女人也越来越少，但是，在外遇事件上，女人面对的评语和压力的确和男人不同。

### 8. 已婚妇女兼顾工作和家庭，蜡烛两头烧

许多已婚妇女抱怨，婚后要兼顾工作和家庭太累。在“男主外，女主内”的传统观念里，女生就要顾家、带小孩、做家务，或再加上工作，而男生只要工作就好，不必把这些事情当做自己分内的义务。

在东方文化中，女人要以家庭为重，要为家庭小孩委曲求全，而男人则不需要。尤其婚后大部分女生必须融入婆家的生活习惯，去迁就配合，很多先生也视之为理所当然，但是同样愿意迁就配合女方家庭的男生就很少了。

大部分婚后的女人要牺牲、要放弃、要妥协的部分比男人多很多。我觉得女人比较伟大的地方是，很多女人并不会要求男人来牺牲妥协配合，她们会尽量减少老公的负担和麻烦，但是久而久之，男人就会觉得理所当然。

曾听朋友说过，婚前要看一个男人好不好，最好带他来参加你的家庭聚会，而且是越冗长、越累人的越好。看看他是不是愿

意为了你忍受家人的习惯礼仪，会不会体贴你也一并体贴你的家人，而且愿意配合你。这种男人比较不自私，婚后也比较会对你家人好，才能嫁！

女人负担的工作、家庭压力而使得蜡烛两头烧真的很累，伟大的各位女性，有时候也要男人来体验、了解你的辛苦，毕竟，这不应该只是你一个人的责任！

### 9. 广告和商品过于物化、消费女性

每天打开电视、翻开报纸、连上网，总是看到“正妹”这个关键词。

也就是说正妹、正妹、正妹……各式各样的正妹已经填满了我们的媒体，成为搜寻关键词第一名、现在社会的显学、人们开口闭口的话题。哪里有正妹就有镜头和画面，哪里有正妹大家就往哪里冲，不管任何职业只要冠上正妹××（例如正妹医生、正妹厨师、正妹店员……）就成了最值得曝光的话题，于是乎，正妹已经成为最新的“台湾经济奇迹”，只要挂上正妹就有人潮钱潮。

在媒体不断以正妹为标题作报道，网络不断拿正妹来吸引眼球，正妹成了显学，于是许多男生遇到任何人事物都以“正妹”作为标准，整天开口闭口都是正妹，造成许多女生反感。另外，社会上充斥物化女性的电玩和广告，报刊更以偷窥角度看待女体，到处都是乳沟、曝光照消遣女人，犯罪报道方向越来越洒狗血，这些长期扭曲的两性观点让青少年看待女生的方式也变得轻浮、不尊重。

广告传达更多扭曲的价值观，例如喝了饮料会让胸部变大，让男人来追你；或是内衣广告一直不断强调胸部大的女人才性感、才有男人爱；减肥广告不断歧视肥胖者，只有瘦了身的人生才是成功。好似男人都是笨蛋，只喜欢大胸部的女生，女人都很肤浅，只有身材才能带来自信。

当我们看着这些报道、广告、信息的时候，千万记得多多思考，不要掉入了不健康的想法和盲从以及迷思中。

## 10. 女人何苦为难女人

女人为难女人的程度，有时远比男人为难女人的程度大很多。虽然说现在时代不同了，女人不再像过去的女人一样在社会经济地位中居于弱势，以至于必须被迫接受男人的三妻四妾，但是，许多根深蒂固的想法还是带给女人许多压力。听到有个女生说，她的老公去大陆出差“犯了全天下男人都会犯的错”，她气得想离婚，但是她的婆婆却骂她不懂事、要忍耐点，说来说去还是“女人何苦为难女人”，仔细看看那些压迫女人的，也往往是女人。

“女人过了多少岁就很难生”“女人怎么可以随便倒贴男生”“女人不用太认真工作，还是找个人嫁了好”……很多为难女人的不当观念，都是来自女人。有时真的很无奈，许多犯了错的男人逍遥法外，那是因为有太多女人互相指责、伤害，却让真正犯错的男人置身事外。这真是一件很吊诡的事！

身为女人，有时真的很难过的是，为难你的通常都是女人；用着父权制度来压迫你的，也往往是女人；因为自己曾经被迫害、被欺负，反过来压制女人的也都是女人。如果女人愿意多为自己想想、多为其他女人的处境设身处地想想，或许，我们真的会过得比较开心。

女人加油！不要总是嘴巴上怪男人怎么践踏你，有时候要反过来想想，你又为何要躺在他的脚下？

女人们站起来！我相信从现在到未来，我们可以不断地靠自己的努力去克服这些压力，我们可以更有自信、更聪明、更有能力，可以创造自己的命运，活出自己的一片天！

各位女人，一起加油吧！

# Part 2

# 女为“己悦”而容：二十几岁的美丽是好运，30 岁以后的美丽靠努力！

就算明天一觉醒来男人都消失了，
我还是会一样打理自己的外在，提升自己的内在，
我不用在男人面前是一个样，在女人面前是另一个样；
我不是为了取悦男人而活，也不是为了让别人开心而活。
我为自己而活，我为“己悦”而容。

# 女为“己悦”而容

就算明天一觉醒来男人都消失了，我还是会一样打理自己的外在，提升自己的内在。我不是为了取悦男人而活，也不是为了让别人开心而活。

我为自己而活，我为“己悦”而容。

古代有句名言：“女为悦己者容。”而现在，我认为是：“女为‘己悦’而容。”

“女为悦己者容”的意思是，女生为了喜欢自己的男生而去装扮自己、让自己美丽。而我一直认为，这句话现在已经要改写成：“女为‘己悦’而容。”就是说，女生是为了让自己愉悦开心，而让自己更美丽。

其实这句话，我之前已经在杂志的专访中提过，当时采访的主题是如何做一个快乐的新女性、如何爱自己，我第一句话讲的就是“女为‘己悦’而容”。我觉得现在的女生已经和过去不同，我们更懂得宠爱自己、让自己快乐，我们可以爱自己而不用只等着被爱；我们可以有更多让自己快乐的方式，而不只是奢望男人能够为你带来快乐的人生；我们更懂得主宰自己、爱自己、尊重自己，做自己灵魂的主人。

我觉得，现在的女生爱漂亮，让自己变得更美丽、更有自信，甚至因此过得更快乐的原因不再是需要借由男人的肯定，或通过男人的眼光来看自己，我们可以打从心里爱上自己。因为让自己变得更美好而开心，因为今天很漂亮容光焕发而感到快乐自信，进而散发出独特魅力。

就像我以前常在文章里提到“自信”，我觉得有自信、有魅力的女人都是打从心里爱上了自己。并不是一定要多完美、多标准的美女才令你觉得有魅力，甚至大部分的漂亮女生，你看久了就腻。许多很美但是很没自信的女生，她们只追求要多瘦、要多像谁、要做多少手术才会更美；她们焦虑不安，嫌弃自己的缺点，生活重心只关心自己的外表，要变得多正才会有多少男生喜欢她们。这种女人，即使变得再美，一开始令人惊艳，久了也会令人乏味，并且随时可以被取代。她们没有魅力，因为她们对自己没有自信。

而许多女人，以所谓的标准来说一点也不美，但是却让人被深深吸引，因为她们喜欢自己，不嫌弃自己的缺点反而变成她最大的特点。她们自信，她们懂得欣赏真正的自己；她们坦然展现自己的个性，而不会因为害怕别人不喜欢她而必须做作伪装；她们让人觉得很舒服自在，她们的魅力经得起时间的考验，而且不能被取代。

我认为现在的女生和过去（古代）比起来，已经进化到："我们懂得让自己美丽、自信、快乐，而不是为了取悦男人，因为我们更懂得取悦自己。"

当我说"女为'己悦'而容"后，有些男人嗤之以鼻地说："不要自欺欺人了，我不相信女人让自己美丽自信是为了自己，你们还不都是为了男人才打扮自己!"

我觉得许多广告都是男人拍的，包括要挤奶挤到吓死人才会吸引男人，没事蹦奶才叫性感，女人为了男人减肥整形才会让他回心转意，市面上一堆智障的广告都在教育蠢女人："你们变美丽都是为了吸引男人的眼光。"

但，有些披着女权外衣的人会说："女人重视外表就是'物化'自己，变成男人眼中的玩物。"我个人觉得这个想法非常过时，那些女人其实比她们口中的男人还要"沙猪"，她们自认什么都不平等、被剥削，其实是她们自己在物化自己。

总是怪别人践踏你，那为什么躺在别人脚底下？自认为是弱势，代表你一开始就把自己放在了不对的位置。

我有不同于以上的想法，我觉得女人让自己美丽并不是一定要吸引男人的目光，我们其实是在吸引自己。我打扮得很漂亮，让我一整天觉得自己很正、心情很好，甚至我穿了一件喜欢的内衣、一双喜欢的鞋，喷了喜欢的香水，穿了新买的衣服都让我打从心里觉得自己很美很快乐，而我做这些事情，获得这些快乐，并不一定是为了要去吸引男人。

我们觉得自己很美，而且也相信大家觉得我们今天很美，但是，不是为了别人的肯定。我们需要赞美，但不一定需要肯定。我们跟女生朋友出门会精心打扮，而不会因为今天没有跟男友约会就不打扮。

那些以为女生都是为了男人眼光而活的“古代人”，我只想跟他们说：“就算全世界的男人都消失了，我们还是会继续让自己美丽。”

或许，有些女人的美丽只为了取悦男人，但对我来说，我更想取悦自己、取悦女人，因为我知道我的快乐自信不是来自于别人，而是来自于我爱我自己。我爱我的外表，我爱我的脑袋，我爱我的身体。

我不怕变老，也不怕自己不够好，不代表我就必须放弃自己，任由自己的外在内在不断退步，再去责怪别人为什么不懂得欣赏我。我曾听过一个国际知名女星说：“我不怕自己变老，我获得的智慧和成长是上帝送给我最好的礼物；我不感叹青春的流逝，我只想让自己成为无论多少岁都是这个年纪里最棒的女人！”我相信，有自信的女人是随时都觉得自己无论多少岁都是在最好的状态。

我不喜欢听女人抱怨老、抱怨没有好男人、抱怨朋友少，因为我相信抱怨会成真，当你越相信自己有多糟，你就越不可能会变好。

人不可能完美，即使我遇到别人对我的不完美批评，我通常会一笑置之，我的男生好友说：“唉，我就知道，你对批评根本不会放在心上。”是啊，我活得好好的，何必为了不够完美而不开心，我应该开心我已经拥有的。我本来就是这个样子啊，我不怕我不够好而没人爱我，我也不用为了要别人爱就要改变自己，去成为一个看似很好却一点也不像我的人。我很自在，因为我知道自己有多好多坏，我不用灌水，也不用伪装，更不用嫌弃自己。

我知道，懂得爱我的人，会让我更爱自己，会用我爱自己的方式来爱我。他会让我更有自信，活得更快乐。

就算明天一觉醒来男人都消失了，我还是会一样打理自己的外在，提升自己的内在。我不用在男人面前是一个样，在女人面前是另一个样；我不是为了取悦男人而活，也不是为了让别人开心而活。

我为自己而活，我为“己悦”而容。

# 男人都爱青春肉体

女人会失去魅力，绝对不是因为变老；女人会失去自信，更不是因为变老……而是“自卑”和“嫉妒”让你变得丑陋。

现在的女人怕老，已经变成一种集体恐惧。

前阵子遇到三个名女人在一起聊天，她们都是年纪接近40岁，事业成就和知名度都不小的女人。聊到身边那些四十几岁的单身男人，她们说：“以前20岁的男人跟20岁的女人恋爱，现在30岁的男人也跟20岁的女人交往，没想到连40岁的男人也只想跟二十几岁的女人约会。”

“对啊，那天我帮一个45岁的单身男人介绍女朋友，他居然嫌我35岁的女性朋友太老！他说只想跟25岁以下的女生在一起，天啊！也不想想他都可以当她们的爹了！”

“对啊！我老公说，他们这个年纪的男人如果可以跟20出头的女生约会，简直羡煞旁人，仿佛重获青春，超有面子！而且我老公在公司真的有20出头的小妹妹向他主动示好，他说现在的小女生都很主动……”

“唉！男人都这样，不管多少岁都只喜欢年轻小妹妹……”

“哈哈……对了，女王你这个小妹妹现在几岁？”接着她们三人转头看我。

“我？68年次（民国68年次，即1979年——编者注）。”我在旁边尴尬了一下，我本来不想加入这个话题。

“喔，你也30岁了吧！那你就不是年轻小妹妹了，等过几年后，跟你年纪一样大的男生都只会想跟小你10岁的女生约会。这个社会就是这样……”没想到她们接着把我纳入“熟女的恐惧”同一阵线的阵营，接着七嘴八舌地讨论起男女交往在年龄上的不平等，以及女人面对年纪的压力，种种的不满……

我不知道她们在恐惧什么？我看着她们愤世嫉俗的模样，我突然觉得女人会变丑，绝对不是因为变老，而是觉得自己老了。

女人会失去魅力，也绝对不是因为变老；女人会失去自信，更绝对不是因为变老……而是“自卑”和“嫉妒”让你变得丑陋。

记得有一次跟男友聊天，我们也聊到了男生喜欢“青春肉体”的小妹妹这个话题，虽然他大我几岁，但在他心中我已经是个“成熟”的女人。他跟我开玩笑说：“我不懂，为什么每次人家都要介绍七年级的小妹妹给我认识。”

“哈！说真的，如果你真的喜欢小妹妹就去啊！我一点也不会怎样。小妹妹有小妹妹的青春无敌，我也有我自己的优点。青春无敌有保存期限，但是我的优点经得起时间的考验。我觉得我越老越正点，就算我五六十岁也一定是一个充满魅力的可爱欧巴桑！哈哈哈！”

“哎，你知道，我就是欣赏你这一点！”

说真的，如果可以时光倒流，我一点也不愿意回到20岁、25岁。我觉得我随着年龄的增长，一年比一年有智慧、有魅力，甚至长得比以前还美丽。一个女人应该从岁月的增长中获得成长、变得更好，而不是恐惧自己的容貌和大脑会随着年龄增长而退步。

我一直认为，25岁以前的长相是你父母给你的，25岁以后的美丑就要看你自己。年轻的时候美丽，那是你的运气，当你运气用完，最后能继续美丽的，还是要靠自己的努力。我一直觉得，气质与智慧才是让你越老越有魅力的关键。

很多天生美丽的人，年纪越大越令人感到言语乏味，不懂得自我成长而逐渐失去魅力。当一个女生年纪越大，你越能从她的长相看出她的个性。我绝对相信“相由心生”，那些心胸狭窄、心地不好的女人即使再怎么做整形美容，也无法掩饰她脸上的刻薄。但是，有的女人即使满脸皱纹，你却可以从她的笑容中被她美好的气质与内在深深吸引。年纪大还会有一张“好命”的脸，那完全是自己的修炼。

许多女人因为怕老、不服老而整天把青春少女当做自己的假想敌，甚至想尽办法整容让自己看起来像18岁、数十年不变，而且每天都担心老公爱上年轻小妹妹（真的很多女人，结了婚之后每天活在害怕自己变老以及担心老公外遇的恐惧中)。她们讨厌自己的年纪，甚至害怕别人说自己是老女人，因为她觉得女人变老就代表世界毁灭。

我一直很想问那些力拼“青春肉体”的女人，如果你年轻的时候可以靠挤奶过生活，但是当你年纪大了之后还想继续靠挤奶生存在这社会上，我只能跟你说，这世界上多的是比你大的奶，你又能挤到什么时候?

青春的肉体随时都会变老，随时都可以被取代，重要的是，你要让自己成为不能被取代的、独一无二的、越老越有价值的女人。

谁说老女人就没有价值，就没有身价?如果青春就是价值，那么就让那些重视青春身价的男人去吧，你没有必要降低自己的格调去人肉市场竞争，重点是，你又何必喜欢这样的男人?他稀罕的是青春肉体，就让他去啊!你也可以不用稀罕这样的男人啊!他看不上你，你也可以看不起他啊!

我非常不喜欢遇到女人总爱抱怨自己年过30岁，讨论害怕变老失去身价这种话题。我觉得你今天会认为自己“失去身价”，完全都是你在唱衰自己。当你自己都对自己没有自信，谁还会觉得你有魅力?坦然面对自己的年纪，不必觉得丢脸或是恐惧。当你尊重自己的价值，就没有人可以轻易地用他的价值观影响到你。

我一直觉得，每个年纪、每个阶段都有它的美，我永远都爱自己当下的模样，而且相信未来一定会更好!我可以当青春活泼少女，也可以当自信快乐的熟女，未来我还可以当成熟美丽的人妻和活力四射的超级辣妈，老了我还要当可以背了包包就去旅行，充满行动力的可爱欧巴桑呢！

说到可爱欧巴桑，前阵子我去喝咖啡的时候隔壁坐了两个年纪超过 50 岁以上的阿姨，她们两个兴高采烈地讨论要一起去希腊自助旅行，吸引我注意的是，她们还热烈地讨论要去背包客网站收集资料，去那边要怎么排行程，还有她们跟网友交换到什么优惠信息。我心里默想："好 fashion 的阿姨哦！超酷！"后来两位阿姨看我在旁边很想加入的样子，于是我们互相搭讪并桌聊了起来，聊起旅游相谈甚欢。

她们跟我聊起天来，那发光发热的眼神让我觉得好有魅力，原来女人到了这个年纪，她的美丽不是因为拿着几十万的包包、戴了几克拉的钻戒，或是年纪一把还要靠挤乳过日子，她们的美丽是来自于她们生活上的历练、个性上的智慧与心灵上的富足。

她们的发光眼神让你深深地被吸引。

那才是最迷人的女人！

# 女人变丑的五大原因

女人 25 岁是青春的关卡，女人 30 岁是人生的新指标。过了这五年，你会变美还是变丑?

我慢慢发现很多女人的样貌会随着年纪改变，这一点也不足为奇，但是为什么很多漂亮的女生过了 25 岁、30 岁会瞬间黯淡失色，反而很多年轻时候不起眼的女生，随着年纪增长越来越发光发热?

这是一件很奇妙的事情，也就是说天生的美女不代表可以经得起时间考验。女人 25 岁以前的长相靠的是天生的运气，25 岁以后靠的就是自己的造化和努力。

那么，女人变美或变丑、变得失色或发光的关键到底在哪里?会写这篇文章，是因为我最近在整理旧照片时，忍不住惊讶大家过了好几年都变得不一样了！有时候遇到许久不见的朋友，会惊讶对方变得越来越美，有时也受到惊吓又基于礼貌不能流露出来，以前的美女怎么变得这么黯淡无光。

你们身边一定也有很多这样的例子。我观察过这些人，发现许多变美与变丑的关键，而我所谓的美丑不只是脸蛋，而是整个人从内而外给人的直接观感。你看到许久不见的女生朋友，你会惊艳还是受惊吓，你看到一个人会讨厌还是喜欢，就是最直接的感受。

我知道写本篇文章或许不讨喜，就像你有些话可能不好意思直接跟朋友说，有些事情说了又怕失礼，但这是我个人的一点观察，目的还是希望每个女生多多爱自己，努力成为令人惊艳也令人喜欢的女生。不只要活在当下，也要看得长远。

### 1. 爱批评自己的女生不美丽

很多女生很喜欢批评自己、否定自己，逢人就说“我好胖”“我好丑”“我好老”“你看我肥肉这么多”“我已经是老女人了”“我屁股又变大了”“我腿粗得跟男人一样”……

不过，我相信有一种人是“假批评真炫耀”的，譬如说明明比现场女生都瘦，还偏偏要说：“我真是胖死了！”明明她最美，却要虚情假意地称赞明明比她丑的女生漂亮，或是明明知道自己没那么夸张，却又爱讲得很严重。大家赞美她很瘦，她却说：“42 公斤哪叫瘦?”（现场一片乌鸦飞过。）

我觉得，如果要以批评自己获得别人的赞美，不如就直接大方地接受别人的赞美吧！我喜欢大方接受赞美的女生，这种女生不否定自己，也懂得化祝福为正面的力量。谦虚是种美德，但虚情假意的谦虚就不道德。

我不懂为何有很多女生喜欢经常在别人面前批评自己，而且还要强迫朋友收听你哪里胖、哪里丑这件事，其实别人一点也不想知道啊！批评久了，本来别人觉得你不胖不丑，渐渐地也被你的批评引导，发现你好像“胖了”，好像“丑了”，于是别人渐渐地就只会看到你所批评的那一面。

批评自己就算了，如果批评自己又间接地伤害到别人、影响到别人，那真的很失礼。譬如说我曾跟一个 model 吃饭，现场她已经是最瘦的人了，大家聚餐她什么都不吃想减肥就算了，还要说别人吃的食物热量有多高，真扫兴！久而久之，就没有人想找她一起吃饭了。

爱否定自己的女生，打从内心就不认为自己会美丽（或看不到自己的美丽），如果你都不觉得自己会美，对自己一点希望也没有，甚至自暴自弃，这样的女生说不定到最后也没什么善心人士想要睁眼说瞎话、说说善意的谎言安慰她。

有魅力的女人绝不会在别人面前批评、嫌弃自己，即使她有不完美的地方，她都能泰然面对；久而久之，大家也不会再去注意她的缺点，说不定，她的小缺点也能变成她的个人特色，缺点也能变成优点。

我非常不喜欢听到女生一天到晚抱怨自己的外形，一旦你开始抱怨，你就已经承认，而且已经接受并自我放弃。最可怕的就是自我放弃后还以言语暴力来看不惯别人比自己年轻、瘦和漂亮，把自己归类在敌方，成为见不得别人好的女人。

从今天开始，不要一天到晚在别人面前批评自己，负面的话说太多只会增加自己的负面能量和形象。别人赞美你，不如就大方地说声谢谢。

懂得拥有正面能量，少批评自己、少批评别人，多微笑、爱自己，你会越来越美。

### 2. 相由心生，心地善良最重要

我真的太支持“相由心生”这个千古不变的理论了。我从小到大看过许多漂亮但心地不善良的女生，在 25 岁以前她们能够呼风唤雨，25 岁以后变丑的速度快得惊人。

相由心生也可以用“气质”两个字来形容，这里的气质不是指装装文静淑女的那种做作气质，而是一个人散发出来的“质感”。这些漂亮但不善良的女生，过了 25 岁、30 岁以后，或许依然美丽，但是她们的美丽已经失去了质感，你能够一眼看出来，她只有肤浅的美，而且很容易看腻。远看是个女神，近看才发现是个斑驳的雕像。

你可以看到，很多女生一味地追求美丽，却内心善妒、心机重、势利眼、待人不善、做作、爱道人是非、爱批评别人……心术不正、心地不善良的女生，她们的美丽绝对经不起时间的考验。久而久之，你会发现，原本包装得很好的那些美女，长相居然慢慢变成了令人不舒服的样貌，譬如：心机重的就长得一脸阴沉相、爱道人是非就长得一脸刻薄样、做作的就长得一脸虚情假意貌、势利眼的就长得一脸情妇貌。

说到情妇貌，其实若到某些场合看许多全身名牌的女人，你都可以看得出来，谁是贵妇、谁是情妇；谁是自己赚钱买的、谁是家里或老公有钱买的、谁是拿不正经钱财买的，那种气质完全不一样。

很多女人会说男人都爱年轻辣妹，所以多希望自己永远 20 岁。我倒觉得，年轻时的漂亮没什么，经得起时间考验的美才长久。每个年轻辣妹都会变老，与其一直跟年轻比，不如让自己成为越醇越香、越老越有价值的红酒，而不只是泡泡消失了就只剩甜到腻的气泡酒。

内心不善良的女生，越老越面目可憎，令人感到不舒服。美丽而没质感的女生，久了令人生厌。每天都在讨厌别人、批评别人的人，长相也会变得令人讨厌。你内心想什么，外表就会变成什么样。

你会发现，那些长相越来越讨人喜欢、越来越美丽、令人觉得舒服、有魅力的女生，都是内心善良正派、待人也真心的人。

正派的美和邪气的美，完全是两回事。你想要越来越美，就要让你的心也变美。

### 3. 别当对外表放弃的女人

所谓“没有丑女人，只有懒女人”，美丽就是要保养，就是要花钱、花时间。“自然就是美”只限于 20 岁以前，一旦你对自己的外表放弃，那就会从小姐变阿姨，从正妹变大婶，从美女变黄脸婆。

女人老不代表一定会变丑，即使一定有岁月的痕迹，也要让自己成为有味道、有魅力的熟女。前面两点讲的是内在，这一点就是讲外在。

很多女人总是觉得有人要了、结婚了，就觉得对方会因为真爱不再重视外表。大错特错，除非把男人戳瞎，否则他们一辈子是视觉动物。更何况，维持外表并不一定是为了男人，也是为了自己的自信。

所以你会发现，很多女人过了30岁后，自动把自己升级成大婶，因为“我老了，懒得打扮”“我结婚了，没必要打扮”“我男友很爱我，所以我不必打扮”……所以明明是同年龄的女生，看起来年纪居然可以相差五岁之多。你看到她的背影还真的以为是一位大婶。

我把外表这一项放在第三，就是因为我觉得前两项内在的自信和修养是最重要的，但外表的维护和保养也是必要的。我支持女人努力爱美，只要在不伤害自己身体的情况下，适度的美容、微整形、塑身、运动、保健都是重要的。照顾好自己的外在是责任也是礼貌，打点好外表、合宜的打扮，除了自我感觉良好，也会在生活上更有人缘、工作更加出色。

不是只有男生爱美女，女生也爱美女，我就很欣赏漂亮、聪明又善良的女生，而且我会乐于主动和她们做朋友。

不过，有的人真的不重视外在也是她的个人选择（不重视内在也是个人选择），但也没必要因此就觉得重视外表就是肤浅；除非你可以做到百分之百不以貌取人，但现实社会就是一个以貌取人的社会（老实说，我觉得那些说重视外表就是肤浅的人，其实眼光也很短浅）。

女人千万不能因为变老、变丑、变胖就自暴自弃；也不能因为有爱情、有婚姻、有小孩之后就觉得放弃外表是应该的，否则当你觉得自己是大婶、是黄脸婆、是欧巴桑的那一刻，你就很难回来了。

谁说充实内在就不必打理外表？谁说重视外表就一定没有内在？这又不是单选题，如果两个都有，岂不更好！所以，努力当一个内外兼具的女生吧！你也可以跟别人证明，外表与内在你都有能力拥有！

## 4. 千万不要玩太凶

所谓的“玩太凶”其实很难定义，我举个例子好了，我几年前曾经有一段时间，很喜欢跟一群朋友一起去夜店跳舞喝酒或夜夜笙歌（但我必须澄清我去夜店都只是跟朋友玩，不是为了乱搞男女关系），后来没多久我自己就觉得腻了，也可能我自身没那么爱玩，累了懒了就脱离了那一段每周末都去 clubbing 的生活。

后来虽然有时会有朋友约，但久了不去，渐渐地就不会有人找我，我也就不太会碰见那些所谓的“夜店咖”。但没想到过了几年后，很多“夜店咖”还是继续过着一样的生活（不同的是她们会找年纪更小的小妹妹一起玩）。有时不小心遇到她们，总是让我很震惊，天啊！以前在夜店呼风唤雨的正妹，现在怎么变成这样？

如果你也是常常出没夜店的人，你可以观察到，许多年纪很轻就玩得很凶的女生，通常都看起来比较老。就算她们现在长得很漂亮，但是两年后，变丑的速度如同坐云霄飞车一般，或许她的化妆技术很好，远看还是一个正妹，但是离开了夜店的昏暗灯光，她就没办法在阳光下、日光灯下吸引你的目光。

我有时遇到一些女生，都会误以为她跟我差不多年纪，但是当她说出她今年 19、20 岁，我说出我大她 10 岁时，我们彼此会惊讶地大喊："怎么可能!"我观察到许多女生太年轻就化妆但又不懂保养，玩得太凶皮肤变差，消夜吃得太多容易发福，夜店空气差烟味闻太多，尤其过了 25 岁后新陈代谢变差，变胖变丑变老就在你不注意的情况下出现了。

如果你容易认识到的朋友通常都是夜店咖、玩咖，所谓"欢场无真爱"，你很难遇到有质感的对象和真心的朋友，再者因为太早社会化而可能扭曲了价值观。

很多人以为"年轻就是本钱"，但是玩多了会不值钱。

这么说不代表我就不喝酒，不去 bar，不出去玩。我会找三五朋友小酌，但我不会想去需要扯开嗓门才能和对方说话的地方。我喜欢喝红酒，我最喜欢吃饭的时候配酒，和朋友聊聊天，吃完后就回家睡美容觉。我不需要浪费我宝贵的时间去跟那些对我生命一点也不重要的夜店咖、玩咖一起疯玩，我也不想半夜还要顶着浓妆跳完舞再赶去下一场。

在我 25 岁后有一天惊觉再这样下去我会变老变丑变胖，变得言语乏味、不被尊重，遇到一堆不真心又总想到处攀关系、皮笑肉不笑只剩脸上化妆品在笑的女人，我就决定我不想再过这样的生活。

千万不要仗着年轻玩太凶，过度挥霍青春，否则当你说出你19岁时，人家真的会很不好意思跟你说："你看起来像29岁。"

### 5. 爱不对人会让你变丑

最后来说"爱情"。你会发现，有的女人谈了恋爱越来越美、容光焕发，也变得有礼貌、有气质、讨人喜欢。但有的女人谈了恋爱后，总是看起来很"不幸"的样子，唉声叹气、神经兮兮、哭丧着脸，每个人看到她就觉得今天真倒霉，她又要来哭诉她"不幸"的爱情。所以，爱情可以让人变美，也可以让人变丑!

仔细观察身边上了年纪的女人，通常婚姻幸福、被爱的女人，老了还是有韵味。但是，婚姻不幸、感情不顺的女人，上了年纪老化的速度比感情幸福的女人快（也有很多人说，性生活美满的女人比较不会老）。

一个女人的幸福是写在脸上的，这不用算命师帮你看面相，每个人都可以看得出来。

所以你会发现，如果一个女人爱上了不好的、不对的男人，她不快乐，就会变得越来越丑。而且，女人爱的对象的"水平和质感"也会影响这个女人的"水平和质感"，因为恋爱就是互相影响，两个人的气息会变得相近。很多女人容易被不好的男人带坏，生活圈、价值观都改变，所以如果爱到了不好的男人，女人除了会变丑，气质也会变差。

我观察到，如果一个女人离开了不好的男人，她就会开始变美，气色变好，人变得更靓丽，运气也会变得更好（我都笑称她们是因为爱不对人，所以以前的人生是“乌云罩顶”，乌云移走了，人生就开始发光）。所以姊妹们，一定要鼓励朋友勇敢离开会让她不快乐，会让她变丑的男人！

我的想法是，谈恋爱应该是两个人要互相进步的，也就是说两人是正向的影响，在一起是可以一起成长、一起鼓励、一起变好，这样的爱情才有意义。所以，若你谈了一场恋爱不会让你成长、不会让你变得更好、不会让你有自信，而且还不会让你变美，那你真的要考虑舍弃这段“不健康”的爱情。

仔细观察你周遭的朋友，你一定会深深同意，爱情对女人的影响真的太大了！

希望大家感受到我的关心，我希望每个女生都能够越来越快乐、美丽，而且经历了年龄的增长，成为更有身价、更有魅力、更聪明的美女！

最后做个总结，女人要变美，真的要以爱自己、对自己有信心、对人生有正面的能量，以及心地善良为基础。内外都要兼顾，懂得保养自己，不要挥霍青春，也一定要懂得谈一场有益身心的恋爱。内在的美与脑袋的智慧才是能让你经得起时间考验的美丽！

各位姊妹们，我们一起努力吧！

# 台湾女人对美的迷思

一白遮三丑？暴瘦才是美？暴乳才是性感？台湾女人有哪些对美的迷思？

因为写作的关系，我一直在观察现在女生的想法和态度，发现台湾的女人对于“美”有很奇特的认同、烦恼和迷思。

这是我个人的观察和意见，我不理解，为什么大部分的女人，对于“美”有这么难解的心结，对于“美”的认同难以理解，对于“美”有这么多同样的烦恼。那么，我们对于“美”有哪些迷思？

## 1. 一白遮三丑

台湾女人，以及某些亚洲女人，最注重的就是皮肤要白、白、白！

甚至还有大家耳熟能详的一句话："一白遮三丑。"仿佛只要皮肤白了，其他地方丑也没关系，只要皮肤白了，就不会丑！于是大家拼命美白，不爱晒太阳，看到太阳就好像看到鬼一样，女学生上体育课躲在屋檐下装病，很多女人宁可热死也要包紧，不爱海滩不爱户外活动尽量不出门，粉底永远买最浅的色号，看到自己不小心晒黑一点就会哀号，把自己搞得紧张兮兮，只怕自己黑了一点就会变丑。

但是，白或许比较好看，却也不代表只要你白，就什么地方都好看。反过来说，只要你好看，就算你黑了点，还是会好看。如果你有三丑，就算你白得没有血色了，大家还是看得到你的三丑。所以，白跟美丑或许有相对的关系，但并没有绝对的关系。

而且，并不是每个人白才好看，在一味追求白的时候，先想清楚，你到底怎样比较好看。找到你自己的路线，比盲从大众化的口味还重要，你也会承认，很多又白又漂亮的女人，她们吸引人、受人欢迎绝不只是因为她很白。

我其实很受不了疯狂地追求白而变得惹人厌、碍到别人的行为，仿佛不小心要她晒到一点太阳就大呼小叫要人命一样，出去玩又神经兮兮地撑伞戴帽，包得像木乃伊，找她出去还会不爽地说："我才不要晒黑！""太阳那么大，干吗找我出门？"好像欠她似的，然后每天嘴里念她过了一个马路又变黑怎么办，抱怨东抱怨西，一点都不可爱不讨人喜欢。

我真的觉得这种人的问题不在于她够不够白，而是她负面的情绪"因为我不够白，所以不够美丽"而让人觉得她不美。

这么说来，很多人会讲，那么我就不用美白了吗？我的确是很爱去海边、去晒太阳，我也很爱晒得一身健康肤色，但是我还是会美白，不是为了白，而是为了不让肌肤老化干燥长斑。对我来说，皮肤好、肤色健康、气色好讨人喜欢，比一味地追求白还重要。我不想生活因为“一白遮三丑”而活得这么别扭，我也从不觉得我好不好看取决于我白不白。

美丽本来就有很多种形式，有人可以白得很美，而有人的健康肤色很吸引人，每个人都有最适合自己“美”的方式，但是美丽最重要的还是心态和态度，心态上认同自己、对自己有信心，态度上正面、健康，让自己心胸开阔，以及一直不放弃让自己变得更美而努力。心里面要永远住着一位正妹，到老了还是吸引人。

如果你要一白遮三丑，不如先去解决那三丑，或许到时你并不需要白来遮丑。

## 2. 人人疯减肥，暴瘦才是美

减肥大概是台湾女人的全民运动，随便问一个女生她都觉得自己胖，连瘦到令人发指的模特儿也会在你面前说：“怎么办，我最近变胖了……”但是，你看不出来她到底胖在哪儿，心虚羞愧地想其实自己才算胖，瘦的人在你面前嫌自己胖，真让你想切腹自杀。

虽然每个女人几乎都在疯减肥，但女王我觉得有个“做人基本的礼貌”要跟大家建议，不管你是不是觉得自己肥或变胖，千万不要在比你胖的人面前说自己胖，因为这是“非常没有礼貌的行为”，难道你要人家安慰你：“你哪儿胖，我才叫胖吧！”简直是羞辱人的行为啊！所以，千万不要做这种没有礼貌的缺德事！谢谢！

不过，一定有很多人不以为然地说："女王你不胖，所以你才要批评减肥吧！"我承认我不胖，我不批评减肥（我当然也在维持身材），我要讲的是"瘦才是美"的迷思。

当然，大部分的美女都是瘦子没错，所以瘦就是美也是事实。但是，瘦并不完全等于美！老实说，很多人努力减肥，大家摸着良心讲，你身边某些疯狂减肥的人，就算她们瘦到了40公斤以下，就会真的美吗？你一定同意，她们的问题不是在"瘦"，也不是"体重"，而是"整体感"。

很多人追求体重的数字，忘了整体感才是好不好看的重点。我家没有体重计，我很少有机会知道自己的体重，很多人问我要怎么瘦、怎么维持身材，我都会先说："曲线比体重还重要。"大家看到的是你的线条好不好看，而不是你的体重数字。很多模特儿都很瘦，但是看她们走台步的时候你会发现，很多人瘦得并不美。令人讶异的是，这么瘦的女生走路的时候屁股下垂的肉还会晃、大腿有橘皮，肉还松松地抖动。明明这么瘦的女生，怎么可能还有肥肉？

一公斤的肌肉与一公斤的肥肉即使重量一样，但是肥肉的体积是肌肉的数倍，也就是说，一味相信体重的人很有可能瘦的不是肥肉而是肌肉，你要的是紧实的肌肉一公斤，而不是松垮的肥肉一公斤。所以，只减肥、吃药、节食而瘦的女生，就会有不健康的线条。或许瘦就会好看，但是很多是瘦得线条不好看的女生。

不必计较体重的数字，而是重视你身材的线条。

可惜大家太追求体重的数字，我也一天到晚被见面的读者逼问：“女王你本人很瘦，你到底多少公斤?”老实说，根据我上次有机会量到的体重是48公斤（我的体重、年龄、罩杯都不会谎报或灌水），也就是说，距离我之前因忙碌瘦到45公斤后，其实我是变胖了，但是我买衣服的尺寸居然变小。也就是说体重数字并不是最重要的。

各位姊妹，千万不要因为减肥而变成一个不讨人喜欢的女生，不要聚餐的时候都不吃还嫌热量高让同桌的朋友尴尬，也不要每天怨恨食物虐待自己怨天尤人，更不要因为减肥而让自己不开心、不爱自己，用负面而否定的情绪过日子。

不要为了数字斤斤计较，也不要迷信瘦一定美，我认识很多女生不特别瘦但是健健康康、讨人喜爱，懂得打扮自己，穿衣服凸显身材优点，这些女生，比起那些怨恨食物、食不知味的瘦子还令人喜欢。更何况，女人有了点年纪要有点肉才会有福气，不要当个瘦到没福气的女生。

电视上、报纸上那些体重异于常人的艺人只有暴瘦变纸片人上镜头才美，我们不必用这样的审美观过生活。拥有健康、爱上自己的身体、拥有享受美食的好心情，不要为了体重而计较，而是拥有好的体态、曲线，知道自己身材的优缺点来穿衣服，这才是最重要的事。

### 3. 暴乳才是性感

这阵子流行暴乳的广告，打开电视看到许多抖着乳房、挤着乳沟的女人，让人搞不清楚卖的是什么品牌商品，而只记得暴乳。很多女生看到这种广告都很不舒服，穿女仆装无辜天真地抖着童颜巨乳，简直跟A片的桥段没有两样。不止女生看了不舒服，我认识一些男生也怀疑为何广告商都以为暴乳广告就一定会吸引男人掏钱：“难道他们以为男人都弱智到这种程度?”

不止如此，饮料广告告诉青春期的小女生，要胸部大才能抬头挺胸受男生欢迎行注目礼，内衣广告告诉女人胸部大才是真正的女人，一定要把乳房挤得像碗公一样、乳沟夹到呼吸困难，这才叫性感。打开报纸杂志，大家习以为常看到女星暴乳，觉得这就是现在美的标准，一边感叹自己为何怎么挤都没有碗公奶，乳沟不能夹死苍蝇……

但事实上，那些我们看到的暴乳，除了假奶外，都是用nu bra加封箱胶带（黄色宽版胶带）捆绑、挤出来的成果。事实上，我们正常人根本不可能每天戴着nu bra和封箱胶带过生活。大家不必太羡慕那些照片里的暴乳，因为很多人拿掉nu bra、内衣超厚衬垫、封箱胶带后，其实胸部真的一点也不大，两者的差距常让我傻眼。不过，男人看到的都是表象，就让他们继续活在美丽的谎言中吧。

胸部大不大真的只有“遗传”两个字，什么食补丰胸、针灸丰胸之类的说法都是那些隆乳的明星说出来安慰人的。如果过了二十几岁还有青春期，那还真是神迹。

但是我不懂，为何现在很多女人对性感的焦点都集中在乳房上，好像只要暴乳了就是性感，其他地方都不重要。老实说，很多暴乳的装扮和过度挤出来的不自然形状的乳房真的一点也不性感、不好看，而是让人不舒服啊!

我觉得一个女生的身材好不好，并不在于尺寸或某个部位的大小，而是“匀称”和“整体感”；一个女人性不性感，并不在于身材的某个部位，而是她对自己的自信，她表现出来的态度以及她的个人魅力。性感并不是追求完美，许多拥有完美身材的女人，不一定能让人觉得她性感，反而让人不舒服。因为过度追求完美而显现出来“没自信的不可爱”，反而让她失去魅力。

更何况，许多身材不完美的人，也很性感，例如碧昂丝，或许以我们东方人的眼光看她太高大，但是她跳起舞就让我深深着迷她的性感；安室奈美惠的身高不到160厘米，但是比例却好得胜过模特；凯莉·米洛也大约155厘米，她的魅力却足以迷倒众生。个性性感、脑袋性感，比起单单只有身材性感，更受人欢迎、更经得起时间的考验。

如果只有暴乳才叫性感，那么只好继续靠挤乳过日子。对我而言，最高明的性感不是在“生理”，而是在“心理”。

### 4. 女人的审美观来自男人的眼光

承接上一项，我发现许多女性产品的广告，并不是拍给女人看的。也就是说，那些广告是拍给男人看，让男人喜欢后，再让女人觉得“这就是男人喜欢的美女”，从而认为自己那个样子才是美。男人觉得性感，女人才知道要怎么做才性感；男人认为美，女人才知道什么样才叫美。很多美的标准都是来自于男人，而不是女人，女人常用男人“会不会肯定自己”的眼光，来自我感觉“我是不是美女”。

譬如说，我一直很不能理解的是，很多女人喜欢到处炫耀一天到晚被搭讪，我上节目的时候常听到女生得意地说自己最高纪录一天有几个人搭讪；事实上，搭讪你的很多都是变态色狼，他们一天可以搭讪无数路过的女生，被这种“咖”搭讪，我真的很不能理解，到底有什么好值得开心、炫耀的？要是我，绝对不会说有人搭讪我。

那些女人觉得，被搭讪代表自己的外表受肯定，有很多男生追代表自己很正，被男人说“你好正”就认同自己真的很正。但是，为何女人需要男人来肯定自己是不是很正，而不是自己对自己有自信，觉得自己很美很正，自己的内心认同与肯定自己？

难道，女人对外表的自信心是来自男人的眼光？

有的女人，常会在意男人的评论与批评，男友觉得她哪里不够完美，她就会努力减肥、用力变美，她们对自己没自信，于是用男人的审美观来审视自己，用男友的标准来改变自己。很怕自己不够瘦、不够美，男友就会不够爱她。这样的女人，即使再美丽，依然没有自信、没有魅力。

有人说：“你怎么能这么有自信？”我说，自信不是自傲，而是我很清楚我的优点和缺点，既然我不够完美，我就要好好发挥我的特点，我矮得很有自信，我从不批评自己的身材，我努力让自己变得更好，是因为我很爱我自己，而不是为了让别人更爱我。我交过的男友几乎都说过我胖，但我从不会为他们减肥或改变，因为，他们若喜欢竹竿妹、纸片人，他们就去啊，如果他们要爱我，就要接受我。我肯定自己，就算你不肯定我，也不会影响我。(不要就拉倒!)

我真的希望多一点真正拍给女人看的广告，而不要再用男人的眼光来拍女人的广告。我真的希望，女人觉得自己好、美丽、性感，是来自于自己内心对自己的肯定，而不是别人说你够好、够美、够性感，你才肯定自己。

美丽有太多形式，每个人都有自己的魅力，做好你自己，努力经营自己，放掉那些关于美的迷思，你才能找到真正属于你的美丽。

# Part 3

# 写给二十几岁的你：爱情，只是一道甜点！

甜点不好吃，就换下一道；男人不好，就换下一个。
为爱放弃一切，只要爱情的女人，永远只有饿死的分。
当你空虚、饥饿、寂寞的时候，
请先把自己的生活填饱，再来谈恋爱。
永远记得这一点，爱情，只是一道甜点！

# 很多人追有什么了不起?

你喜欢我，我也喜欢你，我们就不用啰唆在一起；如果我不喜欢你，我也不想跟你啰唆。我不想浪费我的时间和精力去周旋于那些我打从心里就根本不想在一起的男生。被你们追，也只是浪费我们彼此的时间。

每当我单身的时候，很多人总是会问我："现在是不是很多人追你?"

我总是说："没有耶!"

他们会继续问："怎么可能?一定有很多人追你啊!"

"可是我不喜欢别人追我。"然后，气氛就僵掉了。

虽然我知道大家是基于礼貌、好奇、八卦、关心、同情，甚至是找不到话题聊，所以才问我有没有人追。但是辛苦大家了，我真的行情不好，没有人追。

“怎么可能?”他们总是这样问我。

怎么不可能？说真的，我本来就不是一个喜欢被追的女生，我交过的每个男朋友都不用追我追得要死，大家互相喜欢就在一起，何必玩那些追来追去的游戏，考验对方能耐，浪费彼此时间?

我知道很多女生喜欢被追求，甚至以被几个男人同时追求为荣，从小到大我也看过很多这种把戏，很能了解这样的虚荣，但是，我真的无法把它当成一种享受。

于是，我常常可以听到有些女生说追她的男人可以像排班出租车一样等着接送她，每天都会有人苦苦守候在公司楼下，隔三差五都会收到鲜花、巧克力、高价礼物等炫耀式礼品，请她吃饭的男生从月初排到月底，手机里永远有一堆短信真情告白，电话响不停因为男人们抢着约她吃饭、跟她聊天，她们总是在犹豫今天该跟谁约会，明天该给谁机会。

然后每个人都会说：“哇！你真抢手，这么多人追!”由于竞争者更多更白热化的关系，而让追她的男人更加努力不懈，搞得自己像奴才或是太监，只为了一亲芳泽，换取她一个微笑。于是，她永远有吃不完的饭、看不完的电影、收不完的礼物、坐不完的接泊车。

可惜，我真的没那个福气当这样的女人，我很怕别人追我，别人对我好一点我就心里觉得不安好像欠他几百万。我不想浪费别人的时间、浪费彼此的生命，如果我打从一开始就知道我不可能跟你在一起，我一定会很委婉地马上让你知道，马上想办法推掉。我无法自私地为了享受别人对我的好，而心安理得地去接受那些我不可能回报的人情，我无法吃顿饭假装开心、跟你出去玩暧昧游戏、收到礼物感觉赚翻、不想花钱坐出租所以要搭你便车。

我真的没那个本事当那样的女人。

我真的没有当演员的天分，我真的，宁可一个人孤独到死，也不想浪费我的时间和精力去周旋于那些我打从心里根本不想在一起的男生。

当然我也知道爱在暧昧不明时最美丽，但是，我真的很不爱搞暧昧这种游戏。我不跟朋友搞暧昧，对我来说男朋友就是男朋友，朋友就是朋友，绝对不会有啥暧昧的朋友、干哥干妹的朋友、随call随到的朋友、没事可以帮你付钱的朋友、孤单寂寞可以借一下怀抱、没事睡一下的朋友，我界限分明，非黑即白，搞暧昧真的不是我的专长。

你喜欢我，我也喜欢你的话，我们就不用啰唆在一起；如果我不喜欢你，我也不想跟你啰唆。我没时间浪费力气去让你误以为我对你也有好感，然后在那边苦恼为什么大家都要来追我。

什么是好人卡？我从来没发过。

我绝对不想利用别人来开一家高发卡量、来者不拒的“好人卡”发卡中心。曾经想追我的男生通常都会变成两种，一种是放弃不想追我，后来我们可以当真正的普通朋友（不含搞暧昧，谢谢），我甚至可以帮他介绍女朋友；另一种是觉得追不到面子挂不住，所以自觉尴尬无法跟我当普通朋友（这也绝对不是我的问题）。

很多人追，没有什么了不起！只要我铆起来做，每天照三餐跟男人搞暧昧，来者不拒，让他们每个人都误以为有希望。只要我愿意违背心意多一点，我也可以有很多人追。有些不怎么样的女人都可以大声炫耀她可以劈好几腿，只要你脸皮够厚，男人自然抢着当你的司机、奴隶、提款机。

所以我不懂，那些总是爱炫耀很多人追、很多人搭讪，甚至可以同时交很多男友的女生有什么好骄傲？对我来说，这跟生怕自己没行情，哄抬自己饭局价、包养价，炫耀自己的罩杯尺寸、男友多富有，生怕输给别的女人一样好笑。

身价很高、行情很好……然后呢？这有什么好值得稀罕！

我只想好好地跟一个人在一起，我可以说我谈恋爱很认真，我忠于自己，不会伪装美好淑女形象，我懒得故作姿态跟你玩角力游戏，我不走模糊地带、不会搞暧昧也不想劈腿。

我爱你，我就会百分之百付出；我不爱你，我也不会灌水百分之一。

我喜欢你，你不用来追我；我不喜欢你，也拜托不要来追我。我可以这么说，你有本事交到我这个女朋友娶到我这个老婆，绝对是你祖坟风水好，祖上有积德，父母有福报，你善事做不少。我不跟你玩游戏，能跟我在一起是你的福气。

下次请不要再问我："你有没有很多人追？"

我真的，没有人追。谢谢各位！

## 女生主动会不会太随便？

**如果一个男生因为你主动而不尊重你、对你轻浮、觉得你随便，那么正好你也可以淘汰他，因为：他绝对不会是个好男生。**

“女生主动，会不会太随便?”这是我每一次演讲一定会被问到的问题。

很妙的是最近接受一些采访，发现类似的主题常出现，最近听到记者说来自日本的“草食男与肉食女”的社会观察，据说因为男生越来越被动，以至于变成草食性动物，女生就要开始积极一点。

还有许多采访探讨现在男女单身找不到交往对象问题，以至于各类联谊方式开始兴盛，最后还是会回归到女生要不要主动（以我的观察，现在各类的单身活动或联谊都是女生比较主动参加）。

再者，宅男文化的兴盛，让很多男人待在家里不出门，女生认识好男生的机会越来越低，难得遇到喜欢的男生彼此又不敢相约。男人宅，女人羞，于是单身的人越来越多。许多女生碍于“矜持”的包袱，相信虽然女追男隔层纱，但是男人一定不会珍惜。许多两性书籍告诉你，第一次约会一定要让男生约，一定要先拒绝两次再答应，电话不要马上接，就算闲得发慌，也要假装我很忙，很有身价，有很多人约。因为他们说，这样男生才会追你、才会约你、才会珍惜你……不然只会变成“他其实没那么喜欢你”!

看着那些女生怯生生地发问，害怕如果自己太主动会吓跑男生。但是，也有很多男生有同样的困扰，他们也不敢追女生，怕自己一开口就会被拒绝，追了半天又被发好人卡。

看到这些不敢主动追求的人，我都会引用我以前写过的一个比喻：好的对象就像台北市东区的路边停车位，你开车绕了半天，发现好的位子都被并排停车，不然就是有人在旁边闪灯等人开走，好不容易绕了很久看到一个车位，但是你不太满意，想再看看会不会找到更好的车位，可惜当你找不到更好的位子要回来停时，发现原来的也被人占走了。

你终于远远看到好的车位还在考虑要不要踩油门冲过去停时，却被对面车道的人逆向插队抢走，正当你想要说：“先生，这个位子是我先看到的耶!”对方回你：“可是是我先停到的!”你又能怎样？最后你绕来绕去发现只剩下残障车位，你不懂为何要有那么多残障车位，你怀疑那些停的人到底是不是残障，还是你干脆也把自己戳瞎，这样就可以停残障车位。正当你在犹豫的时候，残障车位也被停走了。从车里走出来的人看起来一点也不像残障，你质问他，他说："至少我有车位，你没有！"

瞧，这就是残酷的、弱肉强食的单身市场！所以你遇到喜欢的人，你要不要主动追？

我支持女生要主动，拜托，都现代社会了，女生还要装矜持装到什么时候？遇到喜欢的人，当然要主动把握机会啊！但是主动不代表要把自己变成变态或花痴。另外我有一个想法是，女生主动也是一个测试男生的好方法。

如果一个男生因为你主动而不尊重你、不珍惜你，这种男生只有两种情况：第一，他不喜欢你。所以你也不用浪费时间，走人！第二，他是烂人，他不懂得尊重女生。你应该庆幸自己很快看清楚了他，结论也是一样，不必浪费时间，走人！

所以，你完全不用担心一个男生会因为你主动一点就瞧不起你，你反而因为这样的机会可以节省自己"鬼遮眼"的时间，这种不懂得尊重女生的男生，你也不需要喜欢。

我问过很多男生，他们老实说，如果他们也喜欢一个女生，他们并不会因为那个女生稍微主动约他而不喜欢她。如果他也喜欢你，他会很珍惜你给他的机会，觉得自己是全世界最幸运的男人，而且他会更主动地响应你。而你，只不过是给他一个"机会"罢了。给你喜欢的人一个机会来喜欢你，这一点也没什么。

至于你问我有没有主动追过男生，我倒是真的没有。我只能说我很幸运，我喜欢的男生刚好喜欢我，我又不喜欢搞暧昧或是追来追去的无聊游戏，所以向来都是一拍即合，两个人喜欢就不用浪费时间，不用玩那种猜来猜去的游戏，而是好好地交往。我不喜欢被追，也没时间给人追。我觉得没人追真是自在又惬意，因为我不需要靠有人追来自抬身价，也不需要有人追才会有自信。

我一直很清楚我要的是什么，所以从来没有日久生情过。我有个“三次理论”，只要我见一个男生三次，我就可以马上断定我会跟他在一起，或我们一辈子只能做普通朋友。

如果遇到我喜欢的男生，我不介意先约他吃饭。很多人都不敢约异性吃饭，约吃饭又没什么，又不是约开房。约吃饭也不一定是约会，只是纯吃饭、纯聊天、纯交朋友，不必一开始就把意图摆在脸上。大家先交个朋友，互相了解，看看适不适合，再来谈追求。又不是说吃顿饭就代表要在一起，就要负责，就要追你。

我觉得很多人把“约吃饭”看得太严重了，饭每天都要吃，我也常约朋友吃饭，如果我对一个男生有好感，我也一定会约他吃饭，因为吃一顿饭大概就可以了解这个人未来有没有可能和我在一起。生活饮食习惯、价值观、礼仪、个性、生活圈、有无共同话题、来不来电……在饭桌上都可以了解得一清二楚。吃个饭、交个朋友、了解一个人，才能知道有没有继续的可能。

更何况，为何认识异性一定要那么具有目的性？不适合交往也适合当朋友啊，没有追到也可以当朋友啊，发现“幻灭”后也可以摆着当好友名单啊。与其说是主动追求异性，不如说是主动认识一个朋友。很多人不花时间了解就乱追求，难怪会被发好人卡。

至于有些人会说，女生主动就叫做“倒贴”。我倒觉得，如果说这种话的也是女人，你真的不觉得身为女人还要污辱女人是很羞愧的事吗？

如果说这话的是男人，这种男人，我只希望，他们在追女生的时候，不会也觉得自己一样在做倒贴的事。为何男人追女生就不是倒贴，女人就是？难道女人身价比较高，明明做一样的事，女人就是吃亏，男人就是占便宜？那些一天到晚觉得自己吃亏的女人，只是把自己的付出变成以物易物的价值交换，你把自己变成商品了，又怎么能怪男人自恃是买家？很多女人怪男人物化女性，其实是她们自己先物化自己。这跟躺在地上还要怪人家践踏你的道理一样。

在这个两性都越来越害怕受伤害的当今社会，男人开始变得胆小、怕被拒绝，女人也拼命守着矜持牌坊，生怕一开口就被称为随便。最后很多人错过机会，开着好车却找不到停车位。

我想鼓励身边的朋友，鼓励大家，现在开口约你喜欢的人吃饭吧，不好意思单独约，也可以找朋友一起当做聚餐，在你还在犹豫的时候，说不定他也很想约你呢！

对女生来说，我们宁可欣赏主动追我们却被打枪的男生，而不是喜欢却又没勇气追的男生。我们欣赏的是一个男人的“勇气和风度”，就算没有在一起，我们仍会一直欣赏他，继续跟他做朋友。

至于那些会觉得你主动就是随便的男人，你也趁此机会，顺便向他开枪！

他不喜欢你，他不尊重你，你也不必“随便”喜欢他。

# 报复是最愚蠢的事

难道他伤了你的心，他就要为你未来的所有不幸负责吗？你不过是在惩罚自己，而不是在报复他。说难听一点，你只不过是想当永远的受害者。

很多人不甘心被分手、被伤害，她们总是说："我要报复他！"

但我很想问她们的是："你确定报复到了他，而不是害了你自己？"

我认识一个女生，她之前不小心怀了她花心男友的小孩，男友不理她怀孕、不想负责，继续把妹，公然带别的女生回家睡。她原以为男友会因为她有了小孩回心转意，没想到男友要她拿掉小孩，甚至骗她说只要拿掉小孩就会好好补偿她。

她拿掉小孩的那一天，离开医院后，我和朋友千叮咛万交代她要好好照顾身体，不要再做傻事。当时所有认识她的人都劝她离开那个男人，重新过自己的生活，她虽然答应大家了，但还是跟前男友藕断丝连。当然，如我们所料，她男友自从她拿掉孩子后“如释重负”，说要好好补偿她、对她好都是屁话，还是不断地四处把妹……

后来，过了好久我都没见到她，没想到再见到她的时候，我看着她隆起的肚子，惊讶地大叫：“你……你又怀孕了？”

“是啊！”

“孩子的爸该不会是同一个男人吧？”

“是啊！”

好的，我无言了。我因为太惊讶、太愤怒而呆立在那里许久，我很难过地问：“为什么你还要怀他的小孩？”我问她身边的朋友：“为什么你们不劝劝她，为什么要让她继续怀孕？”他们无奈地摇摇头说：“我们真的该说的话都说了，最后我们也放弃了。”

因为孩子已经好几个月了，无法拿掉只能生下来，而且她也铁了心要生，更重要的是，她是用尽了方法才让自己再次怀上男友的小孩，而且男友一点也不知道她又怀孕了，她躲着男友，只为了生下他的小孩……

她要报复她的男友，她说：“我失去的，一定要拿回来！”

她真的“好傻好天真”，我真的很无奈。后来我真的相信是“个性决定命运”，有些人的命不能怪父母没把你生对好时辰，怪上帝不公平没让你有好命格，怪自己运气差为什么都遇不到好男人，你要有怎样的命通常都是你自己造成的，你命不好，真的怪不了别人。

我不懂，为什么要报复？

有的人分手后怀恨在心，不想让对方过得好，也不想让自己过得好。更多人是借着让自己过得很差来“惩罚”对方，但是我真的很想问你们，你确定惩罚到他了吗？

其实他离开你之后，一点也不在意你过得多差，一点也不在意你每天把自己搞得人不像人鬼不像鬼（甚至更让他坚信离开人鬼不分的你是明智的抉择），他也一点都不介意你的伤心难过，你哭死都不关他的事。他过得很乐、很爽，他顶多同情你，不过那样的同情在他心中比同情路边的乞丐还不如，他知道你很可怜，但是，你可怜关他屁事啊?！

你不过是在惩罚自己，而不是在报复他。

不管你用哪种方式报复他，你都是在浪费自己的生命和力气，即使他被你伤害到、报复到，你觉得很过瘾，但是之后呢？你只是把自己搞得面目可憎，把自己宝贵的青春浪费在一个永远都和你未来生命无关的败类身上，他要劈腿、他要跟谁在一起又关你什么事？

难道他伤了你的心，他就要为你未来的所有不幸负责吗？

我倒觉得，是你要对自己的人生负责。你让一个伤害你的人那样轻易地就能给你理由毁了自己的一生，那是你对自己的人生不负责。你想要报复他，但是你也报复了自己的人生。

你想要活在错误里，不断地回忆它，你的生活有多烂多糟，你就要拉着人跟你一起陪葬，我过得不好你也不能过得好，我痛苦你也不能快乐，我找不到幸福你就不能比我幸福，我有多烂你就要陪我一起烂。

你只不过是想当永远的受害者。

那些大喊着别人如何践踏他们的人，通常都是自愿躺在别人的脚底下。别人可以践踏你，但你为何要作贱自己？

在我心中，最高明的报复是：“你在我的人生中已经一点也不重要了！”至于那些不重要的人，不过就像路边的狗屎一样。

每条路上都有狗屎，有的人会不断咒骂，有的人会一直站在那里嫌臭，有的人会快速离去、绕道而行，有的人会一整天心情不好，有的人会跟别人抱怨为什么一天到晚遇到狗屎……但是，最聪明的人是，看到狗屎就快闪，不幸踩到狗屎就快擦干净，然后就再也不把狗屎放在心上。

别人问他：“你有踩到狗屎吗？”

他会说：“狗屎长什么样？我早忘了，那很重要吗？”

那些伤害你的人，就如同路边的狗屎，就看你用什么样的心情去面对它。有的人可以满嘴狗屎、满脑狗屎，有的人更可以一生中处处是狗屎。

报复别人，也不过就是拿着狗屎丢人，弄脏了别人也弄臭了自己，更惨的是拿屎去丢屎，溅得自己一身屎。

你还想报复？那么我会告诉你，你只是浪费自己的生命跟狗屎瞎耗。

你是唯一的观众，也是唯一的主角，这场闹剧结束后，你会发现：

你没有报复到谁，你只是辜负了自己的一生。

## 我不是乖巧的女生？

我不用把自己变成“白纸”来代表自己是个乖女生，我人生中所遇过的挫折、难堪、不顺遂、不快乐的经验，都让我变成更好的人。我不用假装自己是活在天堂的天使，而是要把我生命中每一个不美好的角落都变成天堂。

有些男生说：“我喜欢乖巧的女生。”我问他们：“什么是乖？”

他们会说：“嗯，就是文静一点的女生吧！”

接着我都会开玩笑说：“哈！那像我这种话多的女生，就是不乖了吗？”

“嗯，不是啦！只是文静一点的女生看起来比较乖嘛……”

于是，我一直很好奇一个问题，为什么有的人会觉得：“文静等于乖巧?”

一个女生善不善良、个性好不好、EQ 高不高、待人体不体贴、私生活检不检点、能不能吃苦耐劳、懂不懂得尊重另一半、孝不孝顺、专不专情……这些足以构成“乖”的要素，都跟“话多不多、个性外向还是内向、活泼还是安静”一点关联也没有，那么，为什么有些人会认为：“文静等于乖巧?”

男性朋友 A 说：“我们男生就是会觉得，女生安安静静的就看起来很听话，老实说就是很多男生骨子里还是大男人，希望交一个听他话的女友。安静的女生让男人觉得意见比较少、比较温柔、比较好掌控，而且也不会凶，不会跟我们争辩吵架。”

我摸摸头：“可是老实说，你不觉得很多安静的女生才让人摸不透她在想什么吗?”这样你怎么不跟个哑巴在一起，一辈子都不会跟你吵架，而且，你确定安静就代表好搞定、会听话吗?

我问了另一个人：“我问你哦，哪个女生会让你觉得很乖?”

男性朋友 B 说：“像某某某的女友就看起来很乖啊，每次大家出来她都安静地坐在男友身边，除非有人问她，她才会讲话……”

“这样你只要摆一个花瓶在旁边就好了啊！或者你放个假人在旁边，装上电池设定程序让她每隔三秒就会微笑、每隔五秒就会点头，保证静音，就算没电你也不会发现!”

这让我想到了很久以前有一次和一个男性朋友参加聚会，席间他的朋友大多都带了女友或老婆前来，每个女生都打扮得如同名媛一般，安静地坐在男友旁边，而且她们真的是“除非有人问她，否则她们不会主动发言”，所以我这个很怕别人尴尬、很怕别人无聊没话聊的里长伯个性使然，自己损自己、找话题、讲笑话搞笑，事后我朋友跟我说："我的朋友都很欣赏你耶！"

欣赏归欣赏，但是这种男生只会认真地跟我做朋友，然后去追那些坐在他身边、安静的、食量小的、不喝酒的、看起来比我有气质的女生。

但是，那又怎样？我也不想被这种男生追，毕竟要假装自己食量小就是很痛苦的一件事。你们还是离我远一点比较安全。

请不要误会，我绝对是超羡慕那些天生气质文静的淑女，因为我做不到、也装不来，所以我曾说过我人生字典里没有"气质"这两个字，人各有命，每个人都有自己的个性，不用把自己伪装成另一种人。所以喜欢我、要追我或跟我在一起的男生，在他们第一秒认识我到后来交往，我都是一个样，不会让他们有过度美好的幻想，也不会让他们跟我在一起后产生幻灭感。

我不怕生、我喜欢接近人群、我喜欢上台演讲、我喜欢交朋友、我喜欢当康乐股长，我的个性真的很里长伯。所以像我这样的女生，都是用来衬托别人的气质的。

譬如说很多人出去吃饭，我一定是那个会注意谁的杯子里没有饮料、没有酒要赶快帮他/她倒、帮大家点餐、谁没吃饱要不要加点、谁没有夹到菜、随时招手叫服务生过来收东西，搞得自己很像服务生的人。加上很怕大家无聊没话题，我就会一直以炒热场子、让宾主尽欢为己任，陪害羞的朋友熟悉大家，自己开自己的玩笑让大家开心，男友在的话一定要给他面子，朋友要帮忙掩护、要挡驾的也没问题，若有人有喜欢的对象我一定努力帮忙。

最后搞得自己很累，那些淑女们个个还是坐得好好的，扮演气质小公主，里长伯本着服务的热血精神，最后只剩“衬托别人气质”的功能。

但是，我真的很开心我可以当这样的人。

我认识很多这样的女生，活泼大方、外向又随和，我很喜欢跟这样的女生做朋友，因为我们直来直往，不必耍心机。很多人误以为活泼外向的女生一定交过比较多男友、一定比较不乖，但是老实说，我这辈子认识的许多真正情场高手、劈腿达人、耍暧昧界的教主、私生活最夸张的，都不是这些活泼外向、看起来好像交过很多男友的女生。

台湾俗语说的“惦惦吃三碗公”才是真正的犀利，这句话用在做作女身上真的再精辟不过。

以我的个性为例，我交男友一定跟全世界广播，从不会演那种“我现在单身、我很多人追、我们真的只是朋友”这种艺人才会说的台词，但是很多人交过多少男友都不会公布，就算分手也不会承认在一起过。我若劈腿会忍不住到处跟朋友讲，做坏事一定会让大家知道，实在无法有秘密放心里，所以我们才真的不敢做坏事。

所以各位无知的男士，真正的泼妇不是那些会跟人干架、直接骂脏话的女人，而是那些你误以为纯真无邪的虚伪小天使。我这辈子认识太多披着小天使外衣的女人了，她们交过的男友是我们的三倍，但男生只会以为是三位；她们看来有气质，那是因为那些没气质的事都有人帮她们做；她们会跟你说她们什么都不懂，但请相信，她们懂得绝对比你多，十八般武艺样样精通。

我从来不讨厌她们，我也会跟她们做朋友。因为我很了解我自己，我不需要穿上文静的外衣来跟喜欢我的男人展示我很乖，我觉得自己很乖，即使别人会误会我，但懂得欣赏我的人会了解我。

请注意，我不是在批评文静这件事哦，而是在批评“文静等于乖巧”这样的逻辑。我认识不少真正文静又有气质、表里如一的人，我很喜欢并乐于跟她们做朋友。我讨厌的只是那些假文静装乖的做作女，在男人面前一个样，女人面前另一个样。我也想为许多不够文静但也绝对乖巧的女生发出一些不平之鸣。

我不用靠装气质才有人爱、有饭吃，因为我知道真正的气质绝对不只是少说几句话、不要大笑、穿上名牌洋装故作优雅就可以长久。

我不用把自己变成“白纸”来代表自己是个乖女生，我人生中所遇过的挫折、难堪、不顺遂、不快乐的经验，都可以让我变成更好的人，比白纸更强韧有力。

我不用假装自己是活在天堂的天使，而是要把我生命中每一个不美好的角落都变成天堂。

但是，不文静又怎样，不乖巧又怎样？这世界还是有很多懂得欣赏你的人。

他爱你，不是因为你很乖巧，他爱你，那是因为他爱的是“真正的你”！

至于那些喜欢天使外衣的男人，就让他们活在幻想的世界里吧！拜拜！

# 男友不是你的生活重心

有的女生一交了男友，就把男友当生活的重心，不管做什么事情都要男友陪，去哪儿都要像连体婴般随身携带男友，男友不陪，她就会说："你不爱我！"

很多人跟我抱怨感情问题，我发现最大的问题都是，她们把生活的重心全放在了男友身上。我个人认为，这是一件非常可怕的事。

这些女人的生活重心就是恋爱、男友，于是对她们来说，家人、工作、朋友，以及自己的生活都没有男友来得重要。于是，她们患得患失，每天挂念、担心、焦虑的就是男友，她们会为了男友整天不想工作、不想念书、什么正事都不想做，甚至只要男友说一句："我不喜欢你的××……"她会为了配合他的喜好，抛弃自己的理想、兴趣、朋友以及好不容易努力的成果，她们认为无条件地服从与牺牲就是真爱。

她们好像丧失了自由意识，男友想做什么、想说什么比她自己想说什么、想做什么重要。于是，你会常常听到她们的口头禅是："我男友说……"十句话有八句都是以她男友说什么为开头，更可怕的是很多人的口头禅是"我家哈尼（honey）说""我家北鼻（baby）说""我的小宝贝说"。说真的，我们一般人对你们私下的昵称，把肉麻当有趣没多大兴趣；而且，你男友说什么我也没多大兴趣听，我想听你说什么而不是你男友说什么，可不可以不要每句话都是"我男友说"，那我跟你男友聊天就好了，干吗跟你聊天，无聊死了。

还有一种女生会为了男友改变自己的兴趣、想法、判断能力，你跟她约好看什么电影，她也明明很想看，但最后她会拒绝你："因为我男友不喜欢那一部电影，所以我还是不要去看好了。"或是约好去吃什么，她明明也很想吃，但她临时放你鸽子，因为她说："我男友不喜欢吃那个，所以我就不跟你们去吃了。"

你生气地跟她说："你有没有一点主见啊？"她会跟你说："因为他爱我，所以他才管我啊！"她们认为"听话"等于"被爱"，男友对她的"限制"就是"爱她"，于是不去评断是非对错，忘了自己的想法，失去了思考分辨的能力，因为爱情是盲目的，所以不如盲从到底。

记得以前曾有个朋友的男友不准她和我出去，因为他觉得我是危险人物，跟我出去会喝酒、会去危险的地方、会认识太多异性朋友（明明就是她男友自己很逊，所以没有自信），所以我朋友很听话，很久都不跟我见面，后来她男友劈腿分手，才知道他都不去“危险的地方”，而是带女生回家，果然最安全就是最危险的地方。

有的女生一交了男友，就把男友当生活的重心，不管做什么事情都要男友陪，去哪儿都要像连体婴般随身携带男友，男友不陪，她就会说：“你不爱我!”

有的女生一交了男友，会“有异性没人性”地自动从朋友圈中人间蒸发。她也不想交朋友，更不敢跟异性联络，把自己的生活圈缩小到只有自己和男友。她的世界越来越小，每天只担心男友为什么不接电话，男友现在在干什么，男友为什么工作太忙不陪她，男友会不会劈腿，男友怎样怎样……每天把自己搞得像神经病一样患得患失，望着手机等着他打过来，所以她很不开心，可惜平日太重色轻友，连抱怨也没人想听。

分手后，她精神崩溃，因为她失去了生活重心，也失去了朋友。所以她就算明知男友很烂，还是会拼命挽回他，因为她没有他就不知道怎么生活。她宁可跟烂人在一起，至少她的生活还有重心。

有的女生一交了男友后，会毅然抛下身边的亲人、朋友、工作、生活，还有自己原本的个性喜好，去成为男友想要的样子。最后她越来越没有自信，因为她已经忘了自己到底是什么样子。

有的女生你明明觉得她很好，但是她一谈恋爱就会失去自信，怕男友觉得她不够美、不够瘦，怕男友觉得她哪里不够好。她做的所有事情都是为了让男朋友喜欢，但从来不去想到底自己喜不喜欢这样。

我不懂的是，如果你男友喜欢的不是你本来的样子，他去喜欢别人就好，为什么你要改变成不像自己的人，去让他喜欢你？

就像如果我男友嫌我胖，我会说："对啊，我不是纸片人。"然后继续大吃。嫌我矮，我会说："对啊，我腿短。"可是，我矮得很有自信。嫌我不美，我会说："对啊，你去喜欢正妹吧。"你觉得我不正我照样活得很开心。嫌我衣服不好看，我会说："不会啊，我很喜欢。"对我来说，我是什么人、我喜欢什么，你喜欢我就要接受，就算你不喜欢，也要试着去接受、学着去喜欢。不然你干吗跟我在一起？（不过当然有缺点就要改善，但不是要把自己变成不像自己的人。）

如果我只要改变自己你就会更爱我，只要有人愿意为你量身定做你就会喜欢，那么每个女人都可以取代我，你又何必跟我在一起？

不要当一个任何人都可以取代的女人。

一个女人要活得快乐就是要"爱自己"，而且对方也爱的是"你爱的自己"，而不是你搞不清楚这是不是你喜欢的模样，就急着去扮演他喜欢的样子。然后你会没自信，因为你随时都怕自己扮演不好"他喜欢的样子"，永远怕别人会取代、替补你的位子。

很多人问我如何过得快乐，我说，第一件事就是不要把男友当成生活的重心，我不认为谈了恋爱代表"我有人要"就可以让自己停滞不前、不再进步。即使谈了恋爱，也是要注重自己的外在和内在。（我个人挺不能理解为何很多漂亮女生谈了恋爱后觉得感情稳定就开始邋遢变欧巴桑，老实说男人会劈腿，女生自己也要负点责任，真爱是一回事，但不代表真爱就会模糊男人的视线。）

即使恋爱后也要提升自己、充实自己、丰富自己的生活经验，让两个人在一起是不断进步的。

不要把男友当生活重心的意思，并不是代表你不重视他，而是你也要懂得重视自己的生活，即使自己一人也可以怡然自得，不会没有人陪就惊慌失措。如果怕自己患得患失每天紧追盯人，就把自己弄得忙碌一点嘛！多花点时间去跟朋友聚会、学点东西、多看书，甚至培养其他嗜好兴趣，增进自己的人脉和见闻，这样懂得不断提升自己质感与魅力的女人，才能经得起时间的考验。

即使你不幸失去爱情，你的生活也不会顿时一无所有，你也不会觉得自己白活了那些时间。你的世界也不会因为失去一个男友就瞬间毁灭。

男人在你的生活中不是第一，不是唯一，更不是你生活的重心。

# 信任不是盲从

感情里最珍贵、最动人的一句话不是“我爱你”，而是“我信任你”。

信任，是感情最重要的基础，却也是现代人谈恋爱最容易缺乏的东西。

在这个劈腿偷吃早已见怪不怪的年代，感情里的忠诚成为最珍贵稀有的美德。

不知为何，我总是听到许多人有着“缺乏信任感”的危机意识，难以相信爱情、相信对方，忍不住会猜测、会询问、会怀疑对方是不是有欺骗自己，更多的人是明明已经发现了被欺骗的证据，质问对方，却换来他生气的一句话：“为什么你不信任我？”

于是最后变成，你查他，你变罪人；你怀疑他，你变小人；

你抓到他，你变坏人。

你不信任他，你便哑口无言，做贼喊抓贼，不管他做了什么事，你不信任他，就是你错在先，你调查他，就是你犯了错，你拿了不信任他而得到的证据，就是你不光明磊落。

他只要说："为什么你不信任我？"这一切，都变成你的错。

我观察到一个很有趣的现象，只要自己有错在先，但被人抓到犯错的人，第一个反应一定是恼羞成怒，他不会想办法去跟你解释你误会他、他有多无辜，而是怪罪你为何不信任他。

有的人很讨厌别人看他的手机（废话，人活得好好的，谁想要没事看别人手机），但偏偏就是每一次心血来潮看了对方的手机，就一定会看到不该看到的东西。久而久之，对方就把手机当做自己的性命一般，宁可你杀了他，也不愿意让你看他的手机。或是设定开机密码，短信删光光，他会告诉你，"因为怕手机数据被盗，所以要设定密码"、"因为怕手机容量不够，所以删短信"，天晓得他以前从不担心手机被盗，或是他笨到以为你会相信因为短信占了容量所以才要删？这种人，平日不做亏心事，又何必怕半夜鬼敲门？

如果我真的光明磊落，我会自动把手机随时交给对方，我会影印一份手机通话记录账单给对方以示交友清白，我会在他面前接听任何一通电话而不会总是把手机设成静音，我会用尽所有方法让对方知道我有诚意让他相信我，而不是怪罪对方为何要侵犯我的隐私。

你爱一个人，才不会用隐私来当做挡箭牌，你还恨不得告诉他你的祖宗十八代、生辰八字、经期不顺、便秘困扰，你才不会说：“不要问，这是我的隐私。”

有的人会说：“爱我就要信任我。”于是，许多人因为爱，把自己戳瞎弄聋，才有办法说服自己信任他，这样的信任，根本只是盲从。

很多人明明知道对方欺骗自己，明明找到证据，却因为“不敢和对方分手”而说服自己信任他，因为没有了信任，摊牌后，这段感情就没有办法走下去。这样的“信任”或许伪装得太辛苦。

许多人总是有被害妄想症，对他们来说，信任是多么珍贵又多么脆弱的东西，因为他们受过伤，每开始一段新的恋情时总是担心害怕自己又会被骗被伤害。当你被劈腿过、被伤害过，你要鼓起勇气再去相信爱情、相信下一个对象，是多么困难的事。

如果你和这样的人在一起，请你包容他的敏感、体谅他的担心害怕，当他愿意给你最大的信任，也请珍惜、相信他鼓起了多大的勇气。

他们是多么的脆弱，却又多么的勇敢，愿意在一次次受伤后，鼓起勇气再爱一次。

我们讨厌不信任对方的自己，却又希望在我们每次讨厌自己为何不相信你的矛盾时刻，你可以给我们百分之百的信心，你不懂，那会是多么大的恩惠。

我们讨厌怀疑你、调查你的那个时刻，我们颤抖、心慌、害怕，我们觉得自己好丑陋、好不安、好不堪，但我们多希望到最后事实可以证明我们的第六感是错的。

只有这个时候，我们一点也不想有赢的感觉。

每个人都希望被信任，每个人都希望拥有安全感，每个人都希望可以百分之百相信对方。可是，当我们要得越多的时候，我们到底给了对方多少？

你希望我信任你，但是，你又做了多少事情，值得让人信任？

如果你爱一个人，你会诚意十足、掏心掏肺，你会理直气壮、想尽办法让他相信你，证明自己是一个值得被信任的人。你不会怪别人为什么不相信你，因为让人信任，本来就是一件轻而易举的事，如果你有心的话。

你甚至会开心，至少对方多么重视你。他吃你的醋，你高兴都还来不及。

感情里最珍贵、最动人的一句话不是“我爱你”，而是“我信任你”。

切记，信任不是盲从，信任是最珍贵的美德。

如果你爱一个人，请不要先责怪对方：“为什么你不信任我？”

而是先回头想想，你做了什么事值得对方信任。

# 都是第三者的错？

你不能阻挡别人喜欢你男友，但是你男友可以阻挡别人不要来喜欢他。

老实说，要是他硬不起来，谁又能强暴得了他？

在这个劈腿不稀奇的时代，很多人都说："为什么有这么多第三者？"

我常听到很多网友骂第三者，责怪那些抢了他男/女友的人："我不懂，为什么他们那么不要脸？"

老实说，我也遇到过第三者，但是我从来不曾去骂、去责怪那些第三者、讨人厌的前女友，或是心怀不轨的红粉知己。我也会讨厌他们，但是我更同情他们。我觉得用这种不光彩的方法获得爱情的人很可怜，所以我对他们的同情胜过讨厌，甚至我还可以跟他们成为朋友。

当我发现我以前的男友劈腿的时候，我从头到尾也没有对那位女生说过什么话，做过什么动作。甚至我也不会像很多人一样去追查对方、去呛声、去谩骂，因为我从不觉得错的是她们。

如果你的男友够好、够帅、够优秀，当然会有很多女人喜欢他。你不能阻挡别人来喜欢、欣赏，甚至来抢夺你的男友，这本来就是一个公平竞争的社会，只要男未婚、女未嫁，残酷的现实就是，感情本来就没有什么先来后到的真理。

你不能阻挡别人喜欢你男友，但是你男友可以阻挡别人不要来喜欢他。

如果你今天要责怪第三者抢了你男友，为何你不责怪自己男友意志不坚、用下半身思考？

说难听一点，难道你以为你男友是被强暴的吗？老实说，要是他硬不起来，谁又能强暴得了他？

不要自己骗自己了，不要以为他多无辜，他是受害者，第三者都是毒蛇猛兽。事实上，最大的问题都是在他身上。你要怪第三者，难道他今天劈一个你就要怪一个，劈两个你就要怪两个？都是别人的错，你男友就没有错吗？

我常常觉得，很多时候女人们互相谩骂责怪，搞得世界大乱时，做错事的男人反而无事一身轻，这才是最可笑的。很多人总会不甘心地去争夺，我觉得即使争得谁赢谁输，又如何？你赢到的人，也不过是个劈腿烂咖，你抢到了又如何？难道你以为你获得最后的胜利，赢得“劈腿男争夺赛”的冠军，你就很风光吗？

要是我，我不会去争，这种人，就留给第三者去慢慢使用吧。而且，我绝对百分之百祝福他，如果他们结婚我也一定会包礼金。就像以前劈腿的男友分手后迅速交了新女友，或是分手后继续跟他前女友死缠烂打，我绝对是百分之百祝福他们，以上绝不虚伪、绝对真心。因为，我真的非常感谢他们。

我愿意相信他们是真爱，否则他们也不愿意爱得这么不光彩。

我不责怪第三者，不代表我支持他们，不代表我认为第三者无罪想要帮他们说句话。而是我希望大家在一味责怪别人的时候，先想想，到底最大的问题是在谁身上。

至于我本人，因为我极度讨厌第三者的行为，所以我这辈子都不可能去当第三者。因为我讨厌见不得光、不能公开、上不了台面的事情，身为一个“视名分为一切”的老派摩羯女，要我去当一个没人疼的大老婆还是被宠爱的小老婆，我一定要当大老婆，没人爱也没关系，我就是要当大的。对我来说，没名没分，即使嘴巴上说有多爱都是假的。

更何况，如果他真的有多爱你，为何连名分也给不起？不要自己骗自己了。

至于许多当第三者还等待有一天扶正的人，我只能奉劝各位：“你怎么得到他，有一天你也会以同样的方式失去他。”争赢了又如何？重点是，这种对感情不忠、不懂得尊重人的烂人，有什么值得去争？抢得面红耳赤，真是吃相难看到极点。

他因为你而伤害别人，他在你面前如何残酷无情地对待前女友，你也不用太开心，因为将来，他可能也会用同样的方式对你。

不用怪第三者，你要感谢他们，帮你把不忠诚的烂人领养走。你一定要好好祝福他们百年好合、长命百岁，而且是真心祝福他们。

然后请相信，他离开了你，你的未来绝对会过得比他们好(事实上也通常是这样)。

因为，大部分的第三者，最后还是会被第四者干掉。

你这一辈子都会感谢第三者，他们才是你人生中的贵人。

## 爱情，只是一道甜点！

甜点不好吃，就换下一道；男人不好，就换下一个。

你的主菜应该是你的课业、工作、家人、朋友、梦想和兴趣，一个女人如果这些都没有了，只有爱情，那是多么可悲的事。

常去校园演讲，接触许多20出头青春年少的女生，因为感情的困扰问了我许多问题。现在的年轻一辈接触的信息多，谈恋爱的年纪不断下降，学生时代几乎都有了恋爱经验，这让我想起了以前学生时代的恋情，回头想想，那些曾经以为是刻骨铭心的恋情，以为永远不会改变的爱情，多么轰轰烈烈，但时过境迁却发现当时自以为很伟大，其实又多么渺小。

因为那时候的我，根本不知道自己需要的、适合的是什么，甚至连自己未来要做什么都不知道，又怎么能把爱情当做人生中的第一个选项呢？

看着那些为爱情所苦的女孩，我常想跟她们说，等你一两年后回头看自己，会觉得现在的痛苦和心痛是多么的微不足道，你会发现，原来你会复原，你会见异思迁，你会忘了一个人，你也会在下一秒爱上别人。

于是，你会后悔当时的自己为何要为了爱情把自己搞得人不像人鬼不像鬼？为何要为了不爱你的人伤害自己？为何要为自私的他放弃你的兴趣和目标？为何要自残？为何要浪费那么多时间为不爱你的人流泪？

年轻的时候，我们以为爱情很伟大，于是我们牺牲了与家人相聚的时间、与好友在一起的时间、念书充电工作的时间，去谈恋爱。我们把男友放在生活的第一位，把时间都留给了他，把爱情当做生活的重心，但是我们越自以为牺牲奉献努力付出，越不开心、不满足，因为我们太过在意对方，而忽略了自己。

如果我们把爱情当做了生活中的主菜，没有爱情会饿死，没有男友会失去生活目标，没有谈恋爱就好可怜，你会开始患得患失，点错了菜，一道餐就毁了，选错了男友，你的生活也毁了。

但是，爱情从来就不应该是你的主菜啊！

没有爱情会饿死，没有人爱会死，于是你总是会点错菜、爱错人，却又强迫自己吃下肚、爱下去。因为没有主菜的餐点会不完整，没有男友的生活也会不完美。

如果换个角度想呢？把爱情当做甜点而不是主菜。

没有甜点不会饿死，甜点只是生活中快乐的点缀，甜蜜的生活乐趣，你不想吃也没关系，你想多看看有什么甜点也没关系，你不会饥不择食乱吃一通，也不会为了空虚寂寞不挑食。

爱情是甜点，所以请尽可能地挑个让你心里甜蜜、生活甜美，每天自信又开心的对象，而不是找个让你受苦、哭泣、没有自尊、没有信心的对象，整天过得苦哈哈的，失去了光芒、美丽、自信。

二十几岁的你，应该多认识一些异性，不要井底之蛙地只看得见几个男人，只能从一群烂人中挑比较不烂的。异性会告诉你怎么跟异性相处、怎么沟通，他们会帮你鉴定对象，必要的时候向你提供追求的战略和帮你一把。

你可以多谈几段恋爱，因为你现在交往的对象通常不会是你结婚的对象，你通过“删除法”删掉那些不适合你、你不需要的对象，了解“喜欢与适合的不同”，遇到不好的、不适合的、不能让你快乐的，请快点离开，少拖一个月是一个月，没离开不对的，你怎么可能会遇到对的？就算遇到对的、好的，也会因为你还卡在不对的、不好的人身边，而错过许多好机会。

多谈几段恋爱不是要你滥交、随便，不尊重自己的价值，而是要你在30岁以前、结婚以前了解你到底需要的是什么对象，犯过的错误不再犯，跌过跤的地方不要再跌，傻过了、错过了，就要马上站起来往前走，再也不要回头看。

一个不爱你、不尊重你、不珍惜你，不能让你快乐的人，你是没有必要将你宝贵的生命与青春耗费在他身上的。

甜点不好吃，就换下一道；男人不好，就换下一个。

你的主菜应该是你的课业、工作、家人、朋友、梦想和兴趣，一个女人如果这些都没有了，只有爱情，那是多么可悲的事。你的男友随时会离开你，但是你的家人不会、朋友不会；你的男友就算随时会回到你身边，但是你的梦想、工作、兴趣说不定就再也没有机会回到你的身边了。

为爱失去一切、放弃一切，只要爱情的女人，永远只有饿死的分。

有钱，才能真正独立、让自己过得更好；有专业能力，才能让自己不被淘汰、生存下来；有梦想，才能让你发光发热，不断前进；有知识，才能有力量、有权利；有家人朋友，才能在人生的路上有人不离不弃地陪伴你。如果一个男人爱你，他会希望你有钱、有能力、有知识、有梦想、有家人朋友，这样的男人，才是值得你爱的人。

当你空虚、饥饿、寂寞的时候，请先把自己的生活填饱，再来谈恋爱。

请永远记住这一点：爱情，只是一道甜点！

# 写给三十几岁的你：成为一个“值得更好”的女人

30 岁的你，要过什么样的人生，靠的是自己后天的努力。
女人 30 要向前走，让自己永远进步，绝不退步，
请让自己成为一位“值得更好”的女人。
不必浪费时间在不值得的人事物上，你不是二十几岁的女孩了，
请相信自己绝对值得拥有更幸福快乐的人生！

# 完美女友强迫症

真正珍惜你的人，会让你无时无刻不觉得自己是最棒、最好的女人。真正爱你的人，不会让你觉得自己不够好，而是即使你不完美，他都能爱上你的缺点。

“我男友说，我不是好女人。”

有个女生失恋了，哭着跟我说他的男友嫌她不是好女人，我说：“他都要跟你分手了，就算他说你是好女人，那又怎样？”

你是好还是坏，还不是一样都是分手，难道他说：“对不起，你是好女人，可是我要跟你分手。”你听了会比较爽吗？

我不懂，为什么很多女人谈了恋爱就想从男人手中领取“好女人奖状”，她们不在意自己是不是爱了不对的人、看错了人，反而在意的是：“我是不是好女人？”即使分手了，也要对方觉得自己是好女人，这样才能功成身退、光荣退休，手中紧抱没人要的爱情墓碑，却自以为是优质好女人的荣誉奖杯。

我听过许多女生难过地说前男友所说的刺伤的话：“我不喜欢你的过去。”（不喜欢干吗当初要在一起，在一起之后又要嫌人家的过去，你才有病。）或是“我不喜欢你交过的前男友。”（道理同上，不喜欢干吗要在一起？你不喜欢我的前男友，很抱歉，你也会变成我的前男友。）甚至还有“我不喜欢你的家人”“我觉得你很脏”“你很好，你可以找到更好的男人”……

那个女生哭着说，她为了男友不断委屈自己，怕男友生气所以不敢发泄自己的情绪，怕男友嫌她黏所以故作大方，怕男友嫌她小气所以让他和红粉知己出去，怕男友嫌她败家所以约会不敢吃好的，怕男友嫌她不够瘦所以努力减肥，怕男友骂她不成熟不懂事所以接受他任何无理的要求，最后，怕男友分手后觉得她不是最爱，所以努力做个最好的前女友。

她努力做个完美女友，甚至分手了还想当最完美的前女友。

我说：“为什么你要强迫自己去当一个‘好女人’？”难道好女人就一定爱情顺利、幸福快乐，有完美的人生？但是为什么，我们身边有太多“好女人”却过着不怎么好的人生？

当一个自以为是的“好女人”，真的会比较快乐吗？

我想起我自己，我以前也总是爱上了一个人就忍不住想当一个好女友，于是我试做一个EQ高、脾气好、明理懂事、聪明体贴、不吵不闹的好女友，甚至连自己不开心的时候都要反省自己是不是不够成熟，生气的时候都要忍耐不乱发脾气、不吵架、不口出恶言，难过的时候要先整理好自己的情绪，想哭的时候试着忍住自己的眼泪。

我努力做一个好女友，以不给男友制造麻烦、不增加他的负担、不让他不方便、不开心、不会没面子作为好女友的指标；我和他的家人、朋友、同事、任何他认识的人甚至他家的狗都可以做好朋友；我怕他辛苦所以接送他、买便当、订餐厅、订电影票、订机票；我用心和他的好哥儿们做好朋友，连他的红粉知己都掏心掏肺当朋友；他的前女友生日我还会提醒他记得打电话说生日快乐。我了解他的工作、喜欢他的兴趣、用心参与他的生活……

我努力当个好人、好女人、好女友，好到连分手后他的家人都跟我说对不起，是他没有福气，可是，他需要的却不是我这样的女人。

甚至之前男友跟我分手的时候，最令我难过的居然不是他爱不爱我，而是我是不是一个好女友。

以前我会疑惑，为什么很多好女人都不一定幸福快乐？为什么她们对男友很好，却总是让男人更不懂珍惜？为什么我们总是为他好，但是他却不明了？后来我才知道，原来我们都只是自以为是地对他好，他会对你有多好，跟你有多好根本一点也不相关。

当好人，不会比较幸福，当好女人，也不会比较快乐。

拿好人卡不算什么，拿了“好女友卡”才叫惨，拿到“前好女友卡”才真的叫闷。

我的朋友听完我说的冷笑话，忍不住破涕为笑：“也是，我何必为了一个不爱我的男人对我的羞辱难过，就算我是好女人又怎样，他还是一样会离开我。”

“对啊，他会说‘你很好，可惜我配不上你’‘你太好，所以我不敢跟你在一起’‘你是好女人，对不起，我不适合你’，但终究不是你好不好，而是他不够喜欢你。”

“所以，何必为了不够喜欢你的男人来否定自己！”她释怀地大笑。

虽然我们总是忍不住想对他好、想要当他心目中最棒的完美女友……但是亲爱的，我也是花了很多时间与眼泪，后来才明了，真正珍惜你的人，会让你无时无刻不觉得自己是最棒、最好的女人。真正爱你的人，不会让你觉得自己不够好，而是即使你不完美，他都能爱上你的缺点。

虽然，好女生不一定会有幸福快乐的人生，但是，相信自己够好，你就能相信自己绝对值得拥有更幸福快乐的人生。

所以，再也不要强迫自己去当一位完美女友，不要怕他觉得你不够好，只怕他配不上你对他的好。

# 不能跟男友说的话

如果你必须伪装得一点也不像自己，去让对方更喜欢你……
那么，为什么不找一个可以让你“爱得像你自己”的人？
他可以爱上你的优点，也可以爱上你的缺点。

“女人绝对不能让男友知道你有多爱他。”

有一次采访，听到一位资深两性专家说：“女人不能让男友知道你有多爱他，这样他才会为了爱你付出一切。男人刚好相反，男人只要让女人知道你很爱她，那么，无论你犯什么错，女人都会为你付出一切。”

她笑着说：“这是我活到现在发现的铁律，而且身边所有的男女都认同！”我细细地咀嚼她这段话的含义，忍不住笑了出来，深表赞同她对男女不同之处的细腻观察。

“但是，不告诉男友你有多爱他，真的很难啊！”我忍不住提问。

“所以啰，大部分的女人就败在这一点上，只要你忍住不要让他知道你很爱他，不要一天到晚说爱他，他就会更爱你、为了得到你的爱付出一切。”

我想起每次我爱上一个人，我总是时时刻刻地想告诉他，我有多么爱他。但是，若要违反我自己的本意去隐藏自己想告诉他“我好爱你”的事实，来让他更爱我，这样，我会比较快乐吗？

我想起很多市面上所谓可以让你变聪明的两性教战手册、身边许多爱情军师朋友常说：“不要每天疑心病去怀疑你男友，不要变成一直爱查勤的女人，这样男人会不想跟你讲实话。”“不要他每次约你都去赴约，要懂得欲擒故纵才是王道。”“打电话给他没接的话，不要打超过两通，这样会显得你心急如焚地想要夺命追踪。”“不要让男人厌烦，要懂得吊他胃口，要假装自己还是有很多人追，没办法，谁叫男人天生就是猎人性格。”“妻不如妾，妾不如偷，偷不如偷不着，这是千古不变的铁律啊！”……

但是，事实上……

我们总是忍不住想查勤、忍不住发现什么蛛丝马迹就要怀疑对方是不是不忠诚；每次他约都忍不住想跟他出去；我们打电话给他超过两通没接就会忍不住打第三通；我们爱上一个人后，眼里只有他，我们根本不想要给别人追、假装抬高自己身价；我们很爱他，我们不想要每天玩游戏、耍爱情的小把戏，只是为了让他辛苦、让自己爽；我们不想当妾、也不想假装是他追不到的女神，我们只想当妻、只要当正牌女友……这样不好吗？

我们只想要好好去爱，不耍心机、不用猜疑地拿出真心，用最坦然、最真诚、最笨拙的方式去爱一个人。难道，这样“不够聪明”地去爱就会吃亏受伤？但是，我们真的很不想去当一个不快乐的“聪明女人”啊！

我们只想用心去爱，而不是用脑谈恋爱啊！

最近总是遇到很多谈恋爱谈得很“小心翼翼”的女生跟我诉苦，她们做很多事、说很多话都怕男生会不喜欢。有个女生偷看男友手机发现不该看的短信，自己痛苦难过却不敢当面质问男友，因为她怕男友怪她不信任他，她说：“我很讨厌自己这样爱怀疑对方，可是每次我一怀疑一定会发现什么我不知道的事情，我不知道要当个信任对方的傻子还是个讨人厌的疯女人？”

有个女生很讨厌男友的红粉知己，她明知道对方不怀好意，却又要装大方让男友跟她出去。她说：“我怕男友觉得我太小气，但是他有没有想过我的感受？我总是要当个明理的好女人，可是我真的很想告诉他我在吃醋，我就是不喜欢他的红粉知己，为什么我还要假装当个好人？”

有个女生很不喜欢男友的前女友仗着认识他的朋友，不断地介入他们的生活圈。她说：“我真的不懂啊，我跟前男友分手了都可以不联络，我体谅他的感受不让他觉得有任何不舒服，但是我体谅别人，谁来体谅我？”

有个女生每天总是担心女人缘好的男友是不是又跟别的女生出去。她说：“我好怕打电话给他问他在哪里、在干吗、跟谁在一起……这样把我自己搞得好像神经病一样，但是我真的很想知道他在哪里、在干吗、跟谁在一起。”

那些要装作明理、信任、贴心、懂事、大方以及聪明的女人，真的好累。但是，她们一旦想要表达真正的心情时，又害怕男友不喜欢自己的行为，坦白自己的自私与愚蠢真的需要很大的风险。

她们不想耍心机，她们常问：“为什么我爱得这么累?”“我好委屈!”“我好不爱我自己……”

我只想跟她们讲的是，其实是你们爱错了人。

如果有人要说，有很多不能跟男友坦白说的话，你必须要违背自己的心意去获得一段爱情，你必须伪装一点不像自己，去让对方更喜欢你……那么，为什么不找一个可以让你“爱得像你自己”的人?

他可以爱上你的优点，也可以爱上你的缺点。

如果不能让男友知道你有多爱他，他才会懂得珍惜你，我倒希望你能够找到一个“你可以坦然地告诉他你很爱他、很在乎他，他会感激，并且会更爱你”的男人。

或许这并不是件容易的事，但我相信，一定会有这样的人存在。

我想用心去爱，而不是用脑。如果可以，谁又想当“聪明的女人”?

# 好男人在哪里?

很多人都问："为什么我都找不到好对象?"

我的想法是，当你想要找到一个好对象前，也先把自己变成一位"好对象"吧!

现在一天到晚听到单身的朋友问："帮我介绍好男人（好女人）吧!"

遇到男生这么问，我会开心地说："好啊！我认识很多好女人!"遇到女生这么问，我总是沉默很久，尴尬地跟她讲："我好像没认识什么单身的好男人可以介绍。"

于是，我在想，到底是我男生朋友认识得太少，女生朋友太多，还是我对男女的标准不一样？但是既然要介绍给朋友，当然是要拍胸脯挂保证的我才敢介绍，有很多女生我可以大声地拍胸脯说：“她真的很好！要是我是男生一定追她！”但是要我用名誉拍胸脯保证“这个男生真的很好，要是我单身我一定也要追他”的男生，我居然要努力想很久……

我在想，或许是我已经有男友了，所以认识优质的、单身的男生不够多，所以我问问那些也常被人委托介绍对象的男生朋友，看他们是不是跟我的情况相反……

A男虽然有对象但是因为条件好、人又好，所以理所当然大家都觉得他一定也认识不少跟他一样优质的单身男，所以他终日收到来自各方女性好友的委托：“请介绍我一个好男人吧!”

他总是很无奈，很怕每次聚会遇到单身女生一直逼他介绍男生。他老实说：“因为我自己是男人，我更会看男人。要我介绍给那些女生她们要的对象，老实说不是有女友就是已结婚，要不就是花心大少，活到老玩到老，再不然就是个怪咖。不是我不帮，而是我真的没有人选可以帮她们介绍。”

B男是个人面广的派对动物，不管到哪个派对哪个社交活动，一定会看到他，也因为他人脉广，收到的“委托案”不计其数。他说：“我当然认识很多大家眼中的优质单身男人，但是你们看的是表面条件，那些人私底下怎么玩，你怎么可能看得到？再说，介绍也有很大的风险，如果分手了，要我选边站吗？所以我只负责介绍大家当朋友，不帮人介绍男女朋友。”果然是谁都不得罪的聪明人。

C男说：“每次女生要我帮她介绍，问她条件她总是说聊得来、顺眼就好，殊不知‘顺眼’的标准有多高？老实说，很多人都以为自己在挑人，其实别人也会挑她啊！如果她自己条件不够好，我怎么敢乱介绍？”这让我想到也有很多男生叫女生朋友帮他介绍女生，明明自己不怎么样还要嫌女生不够漂亮或是身材不够好，我每次都很想说：“先生，我知道你不帅，但也不用像个色狼一样吧!”你自己站着低头都看不到自己的脚趾（脚趾是比较好听的说法），还要嫌女生不够瘦，真是够了，你还是回家看相簿美女或独享A片中美女与野兽的世界吧!

男生重视外表，女生也是。说真的，我也认识几个很好的男生，他们不会耍帅、不会撒钱、不会甜言蜜语，也不会在第一次聊天就跟你要照片、第三次约会就想带你开房间，但是，他们要女生朋友帮他介绍女朋友总是被打枪，因为，他们不够好看。

男嫌女、女嫌男，要当个好的介绍人，的确需要相当的自信与莫大的勇气。

但是，不只是女生，好几个男生也一致认为自己认识的好女人比好男人多，要帮男生介绍很容易，但是要帮女生介绍却很难。我在想，这是怎么一回事呢？难道是好男人比较容易早婚？好女人比较容易单身？

还是这根本与好坏无关，只是好男人比较稀有，好女人比较常见？或是大家对男女的标准不同？还是，好男人比好女人容易找到交往对象？好女人的眼光太高？

这是个有趣的问题，假如你认识的男女朋友比例差不多一样，你可以拍胸脯保证列出来的好男人比较多，还是好女人比较多？

但是你问他们“什么是好男人？”“什么是好女人？”每个人

又有不同的说法，其实好不好根本就没有一个标准答案。我觉得会不会爱上一个人跟那个人好不好根本没有直接的关系。“好”是加分，但是不爱的话，那个人再好也不关你的事。

在我没有男朋友的时候，总是遇到很多“好男人”，他们会对我好到我觉得是不是要付钱给他。我曾经遇过不少每个人都觉得“没什么不好”的男生，他们会帮我剥虾壳，但是让我食不下咽；他们会陪我吃美食、请我吃大餐，但是我从不记得那些食物的美味；他们会来接送我，但我坐在车上只想倒计时赶快到目的地；他们会约我看电影，但是我总是很怕他的手伸过来让我坐立难安；他们认真工作家境又好，嫁给他一定不愁吃穿又不用付贷款，但是在他靠近我的时候，我下意识地把包包放到胸前往后退三步。

我也曾试过去喜欢一个大家都觉得“没有什么不好”的男人，然后去当个“大家都觉得你命真的很好”的那一种女人，但是，我从来不会只是因为一个男生对我多好，而爱上他。

所以，我宁可当个没有人追、不发好人卡、承受不起别人对我好的歹命女。

因为我知道，如果我喜欢一个人，我不忍他弄脏他的手，我一定抢先剥虾给他吃；我不需要他带我吃多贵的餐厅，一起依偎在路边摊那就是天下最棒的美味；如果没有必要，我不忍他辛苦还要麻烦接送我，他要忙的话我一定会在下一个路口下车自己搭出租车；我不会因为他有钱就开始做起贵妇梦，我只希望我多努力工作和他一起奋斗，我宁可累一点也不愿意让他因我而疲惫。

我或许不会成为大家表面上追求的那些开心快乐、幸福好命的女人，但是我打从心里觉得自己开心快乐幸福好命。

我不爱那些“没有什么不好”的好男人，并不代表我喜欢坏男人，而是，我学着知道我要的、我适合的是什么样的男人。

我不会说我要多“好”的男生，因为当你要求对方有多好，你自己也要跟他一样好。如果我说自己要多“好”的男生，我也应该让自己更好，值得起、配得上那些好男人，而不是双重标准地希望自己攀附上更好的男人。

一个人好不好、适不适合自己、他的好是不是你要的，只有你自己才知道。如果你只爱着那些条件式、大家公认的好，而觉得非爱不可，那我希望你可以一辈子说服自己，这样的“好”就是你一辈子追求的爱情，“没有什么不好的人”就是你心中的完美情人。

我不需要完美，我也不需要“好”男人。

好男人、好女人再多，都比不上你心底最在乎的那一个人。你不爱的人，即使再好又如何?

好不好，不用别人告诉你，能够让你打从心底觉得自己幸福快乐知足又好命的人，就是你的好男人与好女人。

# 爱情里的公平正义

你希望对方多少念着那些情分、你的辛苦付出，应该抱着感恩的心来爱你。

是的，他很感谢你，但不代表他必须爱你。

很有可能是他根本不感谢你，而且他也没那么爱你。

我每天看到许多网友留言或写信问我感情问题，最常看到的话就是：

“为什么他要这样对我？”

“为什么我跟他在一起了那么多年，他可以说走就走？”

“为什么我付出了那么多，为他牺牲一切、赔了金钱、拿掉小孩，他却可以这样对我？”

“为什么我这么爱他、对他这么好，他却可以忘恩负义翻脸不认人?”

“为什么他要骗我?”

“为什么我长得这么正，第三者条件这么差，他还要劈腿?”

“为什么他要这么对我，我到底做错了什么?”

“为什么他可以这么残忍，这样伤害我?”

“为什么我们在一起这么久，却换来这样的结果?”

“为什么……”

我们小时候看的童话故事、教科书里的文章、电视里的连续剧都告诉我们“善有善报、恶有恶报”“只要努力耕耘，必有收获”“只要有付出，就会有回报”“老天爷有眼，正义必然得到伸张”“从此，公主与王子过着幸福快乐的日子”……于是，总是邪不胜正，不管好人受到多少灾难必会有善终，恶人必有报应，老天爷在最后一刻总是会降临神迹。就算是现代的洒狗血偶像剧也会教你，默默付出的主角一定会获得真爱，不管经过多少变态的崎岖感情路，他的爱情必定有善终，痴男抱得美人归，麻雀一定变凤凰。

但是，现实世界的感情故事，根本不是这个样子!

于是，你不能理解，为什么努力当这么好的人，对对方这么好，换来的不是预期的结果?很多人谈恋爱讲求的是公平正义，要求对方对自己要像自己对对方一样好，付出多少就该得到多少回报，被伤害了、被欺骗了，就要求所有人帮着一起主持正义。但是，公平归公平、正义归正义，对方一句“我不爱你了”，你也只能抱着“公平正义”的匾额回家痛哭。

你不甘心付出如流水，明知道对方在欺骗自己、糟蹋自己、辜负自己，还死赖着不走的原因是：“我对他这么好，他怎么可以这样对我?”你要个交代，要应得的回报。所有的人问你：“你为什么不离开他?”你说：“我不相信我这样的付出，却什么都没得到。”你心有不甘，觉得老天爷如果有眼也该给你个交代。

你总问老天爷为什么看不到。但不是老天没眼，而是你瞎了眼。

你追问“为什么”，却不希望听到真实答案。告诉你残酷的现实和答案后，你还是不断地问为什么。可惜，现实就是无常，爱情里没有公平交易法，不然就去结婚，至少抓奸还是合法的。

但谁规定你多爱他，他就要多爱你，你没犯错，别人就一定要洁白无瑕，公平正义就会让他回心转意?

你说，这些你都知道。就像每个人难过的时候也想问很多为什么。为什么这种事要发生在我身上，为什么我的命这么不好，为什么我要爱得这么辛苦?

你问每一个人，却没有一个人能回答你。

你被伤害了，你痛苦地流着泪问他：“为什么你要这样对我?”他看着你哭，却说不出一句话。你不断地逼问着，到最后他推开你，你才知道再问下去的答案只是自取其辱。

原来，没有了爱，什么都不是。

你可以得到好人好事奖状、热心公益奖、日行一善勋章、正义女神像、杰出前男（女）友贡献奖，甚至伟大爱情终身成就奖，但是，挂着这些光荣，却换不回失去的爱。你希望对方多少念着那些情分、你的辛苦付出，应该抱着感恩的心来爱你。

是的，他很感谢你，但不代表他必须爱你。很有可能是他根本不感谢你，而且他也没那么爱你。

不要不甘心了，善不一定有善报，付出不一定有收获，老天不一定有眼，正义不一定迟来，爱情本来就没有天理。

不要问我为什么，我不是你男（女）友，也不是上帝或者老天爷。

傻孩子，别以为爱情是慈善事业。

如果奢望爱情里的公平正义，还不如多尊重、多爱自己一点。

# 同情不是爱情

亲爱的，你很好，你不需要改变你自己。你需要找到一个懂得尊重你的人，而不是把你当弱者的人。你需要一个陪伴你的人，而不是随时都要援助你的人。

有位网友跟我哭诉："我男友的前女友闹自杀，所以他回去跟她复合了，我该怎么办？"

"那就算啦，难道你要跟她比谁比较会死吗？"

"可是我很不甘心啊，为什么只要女生会吵会闹就会赢？那我们不吵不闹的女生不就吃亏了吗？"

"如果会吵会闹就有人爱，不珍惜生命就可以得到爱，这样得来的东西有什么好稀罕？！"

"可是我男友说：'难道我要见死不救吗？'"

要死就去死啊，真的下定决心要死的人哪会在那边大声嚷嚷，怕别人不知道她有多可怜？你男友是消防员还是救难大队，这么有爱心为何不去慈济当义工、去医院帮残障者推轮椅、去路边发保险套倡导预防艾滋病、去各大旅馆门口拯救援交少女……难道要比谁比较会死、谁比较可怜、谁没有对方活不下去……谁就可以赢得爱情？

我另一个朋友遇到一件更瞎的事。她是一个聪明独立认真的漂亮女生，30岁出头就进入外商银行管理阶层，加上自己也会储蓄理财投资，算是一个年轻的小富婆，几个月前听说她交男友，没想到最近听她说男友回去跟前女友在一起了。她看到我上一本书中的一篇文章《我不是公主》里的第一句话就快要崩溃。

那句话是："我觉得，你根本不需要我。"

她的男友说，她什么都好，工作好、家世好、学历好、又漂亮又聪明，又有经济能力、人缘又好，他觉得她不需要他也可以过得很好。但是，他的前女友因为他与她分手后，又失业、又生病，经济状况不佳、又交不到新男友、遇不到好男人，过得很不好，即使已经分手半年，她男友还是觉得"这都是他的责任"。

他说："对不起，她真的很需要我。"

我的朋友说："或许她真的很可怜，但难道她没有其他朋友吗？为什么要一直缠着我男友？"

"有些人就很奇怪，总是要别人替他的不幸负责。他们觉得分手后过得不好的话，都是对方的错，但是他们从来没想过要对自己的人生负责，他们总是想让对方知道：'你看，都是因为你，害我现在过得那么惨’。或许分手是对方的错，但是分手后是你自甘堕落。你可以怪别人害你摔跤，但是你躺在地上死赖着不起来，只是为了绊倒别人的人生，这跟假装残障的乞丐有什么差别?!”我愤愤不平地说。

“我男友说，他前女友在生活上很依赖他，自从他们分手后，她又穷又过得不好又交不到新男友，他觉得很内疚。我倒是很想说，你前女友自己不上进不去找工作，她过得不好是因为她怨天尤人、自甘堕落、不愿振作，她遇不到好男人是因为条件好的男人也不会看上她，都已经 30 岁的人了，凭什么她自己不求长进就要别人对她失败的人生负责?”

“反正，有些男人就是觉得被需要而感到自己伟大。”我耸耸肩，“更何况，那也是你男友自己愿意，又没有人拿刀逼他，当好人只不过是个借口。有时候满口仁义道德的人，做的净是缺德事!”

“我不懂，那难道我独立自主、养得起自己、体贴他、照顾他、帮助他，甚至怕他太累有时还接送他，是因为我倒霉？我没有办法当生活白痴、EQ 低能、少了他就不能活、生活就陷入困境、世界就毁灭的无知女人，所以我男友宁可去当救世主，难道这世界上只有他可以拯救她?”我的朋友居然开始怀疑自己到底是哪里出了问题。

“亲爱的，那不是你的问题，那是你的男友喜欢当英雄，而且他们都以为喊救命越大声的就越是弱者，哭得越大声的就越可怜。如果没有人喊救命，他们就没有身为英雄的价值。”当惯拯救世界的英雄，有时候反而搞不清楚谁才是真正的弱者。

“可是，我也很需要他啊！我不懂，为什么他会认为‘没他不能活’的女人，才是真的需要他。我努力让自己活得很好，我爱他并不是我需要他给我任何生活上的帮助和援助；我很爱他，所以我更不希望他为了我辛苦；我不是没他不能活，我只是希望我们在一起能活得更好啊！”

听她讲着讲着，我突然想到以前有个男生对我说：“我好像没什么可以帮你的。”

“不用啊，你不用帮我啊！”

“我是说，你好像没有什么事情是需要我帮忙的。”

“的确是没有。”我活得好好的，没什么要你帮忙。

“唉，你一定不喜欢我，因为你不需要我。”

我不懂，“我喜欢你”跟“我需要你”是两回事啊，我不会因为需要一个人而比较喜欢他，也不会因为喜欢一个人而变得处处依赖他。我不懂，是他的脑袋有问题，还是我的想法有问题。

就像我朋友说的：“我觉得我男友根本就是滥用他的同情心，如果今天一个摆烂的弱者、不求上进、不懂得珍惜生命的人就可以予取予求地得到一切，那么，难道我做一个独立自主、认真生活、珍惜生命、在爱情里努力付出的女生就错了？我每天认真工作到底为的是什么？最后他说，我太好、太优秀、太聪明、太独立，他说我很坚强，没有他也可以过得很好，所以别人比较需要他，我真的哑口无言。”

亲爱的，你很好，你不需要改变你自己。你需要找到一个懂得尊重你的人，而不是把你当弱者的人。你需要一个陪伴你的人，而不是随时都要援助你的人。

他们不懂，真正爱他的女人，不会要他为了她出生入死当一个英雄，而会给他一个最安全无虑的港口。

真正尊重他的女人，不是随时都需要他，而是为了他的需要，永远不让他担忧、不等他开口就伸出她的双手。

她们需要你，但是她们更懂得尊重你，那是她们愿意尊重自己。

而那些错把同情当爱情的男人，只是不懂得尊重你罢了。

他们可以当英雄，只是你没有必要锯了自己的双腿去等着他拯救。

这世界上多的是无知的英雄与声嘶力竭的弱者。

你唯一能做的，就是离开这一场闹剧，如此而已。

# 感谢旧情人

我一直觉得，每个旧情人的任务，就是为了让你未来成为更棒的女人！

演讲时常常会遇到有人问我：“分手之后还可以做朋友吗?”

对我来说，每个分手后的男友，到现在都还跟我算是偶有联络的朋友。有一次在路上巧遇了我的初恋情人和他的家人，那天我正好到停车场取车，正当要发动引擎的时候，接到初恋男友的电话（老实说，看到他的名字出现在我的手机屏幕上，我还非常诧异），他说他正好也在停车场拿车所以看到我，于是我把车开过去跟他“会车”，打开车窗聊天，他的爸妈也在车上一起寒暄。

“好久不见哦！上次见到你都不知道是几年前了！”

“对啊！很高兴见到你！”后来跟他们道别后，回到家也难得地跟初恋男友聊了一下彼此的近况。记得上一次看到他大约是两年前，那时候我还在上一本书中写了一篇文章《再见，初恋男友》，他开心地跟我说他要结婚了，可是现在他又回到单身。我安慰了他一下，也衷心希望他能找到未来的幸福。

分手后，还能够衷心祝福对方幸福，是一种大度。对方能够拥有这样的祝福，是一种福气。

有人说，每个交往过的男友都像是一面镜子，他让你在恋爱的过程更了解自己是怎么样的人。他能让你看到真正的自己，与你从来不了解的另一面自己。我们通过那面镜子了解自己，在交往的过程，在分手的过程，学会面对自己，也学会成长。

我觉得，每个前男友都是我们的老师。不管他带给你的是快乐还是痛苦，即使你们没有缘分在一起，他教会你的、带给你的都是让你未来能够更懂得爱，遇到更值得、更适合你去爱的对象。

我很喜欢有个朋友的说法，她说，每个前男友对你来说都是有“任务”在身的，他的任务或许是爱你、是伤害你，是让你变成更坚强成熟的女人，或让你开阔了眼界看到不同的世界，也有可能让你从女孩变成女人，把你改造成为更棒的女人，让你懂得什么是付出与回报、爱与被爱，可是当他的任务结束之后，他就会离开你的生命。

在初恋男友之后，在我从求学毕业走上社会到开始成为作家的几年里，有两个男朋友对我的人生有很大的意义。一个伤害我最深，一个影响我最多；一个让我开始走上在网络上写作这一条路，另一个让我义无反顾地走向自己的梦想，成为作家。如果说每个男友都有不同的任务，那么初恋男友让我了解被爱，伤害我最深的人让我知道什么是爱人，影响我最大的人让我学会怎么去爱自己。

我感谢我的每个前男友，因为他们，我懂得被爱、爱人，以及最重要的“爱自己”。

不管是爱还是伤害，他们的任务都很神圣，他们让我成为现在这样的人。我更感激的是，在每一段恋情后，我总是成长很多，变得比过去好。如果没有他们，我无法成为现在的自己。

老实说，我是一个记性很差的人，只要和男友分手后，我都会自动忘了他的生日、电话号码等，我的乐观个性大概来自我很会忘记不开心的事。吵架或生气不超过一天，在一起三年但失恋后一天就可以复原。不会记仇，也会自动忘了谁是情敌谁讨厌我，而且我很难讨厌别人，我总觉得讨厌我的人大概是误会我，或是他们刚好心情不好，或生活不顺遂只好找人发泄。我不会讨厌那些讨厌我的人，讨厌别人的人很不快乐，他们一定有难言之隐。

也因为我实在是个爱好世界和平的人，所以我跟前男友分手后几乎都还是朋友，甚至连他的家人哥儿们朋友同事到现在都还是我的朋友，甚至他身边当初跟我不熟的朋友后来都跟我很熟，更扯的是，他们的前女友、当初来搞暧昧的女人、他们跟我分手后交的女朋友，甚至老婆都变成了我的朋友。不管是跟她们聊天，一起讲前男友的坏话，帮她们找工作，出去帮前男友与新女友拍合照，还是参加他们的婚礼都没问题。甚至，还有前男友叫我教他怎么追女生。哈！

我不是一个分手后还会纠缠对方，或是明知道他有女友还要硬说“我们即使没有在一起，但还是像亲人一样”要找前男友出来叙旧的人，己所不欲，勿施于人，我知道这种感受不舒服，所以我也不会这样待人。

每当我看到许多情侣分手后互相伤害对方，扰乱对方的生活，或攻击对方的新男（女）友，流言中伤对方，我都觉得好幼稚。与其花时间破坏别人的幸福，不如花时间寻找自己的幸福，或让自己过得更快乐幸福。

很多人问：“分手后还可以当朋友吗?”当然可以，但是请在你们两个人都对彼此没有任何一点“感觉”后再谈做真正的朋友。刚分手不适合做朋友（难免会变成炮友），直到过一段时间后，两个人都找到新对象，对彼此没有感情后，再来当朋友。但请不要以做朋友当成利用对方剩余价值的借口。

但是，不能当朋友的，不必勉强。有些人或许你一辈子都不想再见到他。

很多时候，感情没有对错，他辜负你也不一定是你吃亏，我常用“塞翁失马，焉知非福”的角度来思考，很多时候我们都误把驴当马，或许，不对的人离开你，反而帮你遇到更对的人呢！有时候快乐与痛苦，真的只是一念之间。个性造就命运，想法也能决定你的人生！

换个角度想，你要谢谢那些辜负你、伤害你的人。

就像我一直觉得，每个旧情人的任务，就是为了让你未来成为更棒的女人！

学会祝福旧情人，你就能学会去拥有更多幸福。

# Mr. Right

"你看得出来什么样的情侣会结婚，什么样的情侣不会吗？"

"你从那个男生看女友的眼神中看到了什么？"

"坚定！"

她们总是在找 Mr. Right……

她们都说："我希望可以在对的时候遇到对的人！"可是，她们老是在错的时候错过对的人，在对的时候爱上不该爱的人，又误以为那个错的人就是自己寻找已久的 Mr. Right，又或者是……永远不知道自己什么时候才准备好去爱一个人。

她们说："我好想知道我的 Mr. Right 在哪里？"她们说："谁可以告诉我……到底谁才是我的 Mr. Right?"

那天下午跟一个朋友聊天，她说她最近和一个男生非常要好，那个男生很喜欢她，我问："既然你们互相喜欢，为什么不在一起？"

她说："他年纪比我大好几岁，他说他要找的是结婚对象，是一生的伴侣。"

我问："那你呢？你怎么想？"

她说："他怕我还不想定下来，怕我还年轻还有很多机会和选择。可是，我也是想找个可以走一生的伴侣，我也很想结婚啊……"

我听了忍不住笑了："既然你们两个都是想找一生的伴侣定下来，又互相喜欢对方，不敢在一起的原因只是因为你们都害怕。"

说完，我忍不住又说："其实不只是你们，我也会害怕。我常在想，到底我要跟什么样的男人共度一生，我要的是什么？即使我现在很清楚我要的是什么，但是我找得到那样的人吗？我怎么知道我遇到的男人是不是 Mr. Right？"

她说："是不是我们这个年纪的人都会恐惧？我们不年轻，谈恋爱不只是想玩玩或是喜欢就可以在一起。我们考虑的事情很多，我们失败了几次，慢慢知道自己要的是什么、不要的是什么，我们想找一生的伴侣，好不容易遇到一个喜欢的人，又担心他到底适不适合我、我们可以在一起多久、他真的想定下来吗、如果分手了该怎么办……"朋友开车，我坐在副驾驶座上，盯着挡风玻璃上来来回回的雨刷发呆。

我接着说："我那天也跟别的朋友聊到，我们这个年纪的女生，变得比较不容易去爱上一个人、去谈恋爱，即使我们很喜欢很喜欢一个男生，但是我们考虑的事情变多了。因为我们不想再去谈一段又一段的感情，每次都伤痕累累地让自己痊愈再重新出发。我们没有力气玩感情游戏，没有力气钩心斗角，没有力气周旋于追求者之间，甚至没有力气劈腿、更没有力气失恋，我们只想找到 Mr. Right，有个安稳和安定的生活……”

“对啊，你记得我的名言吗？人生还有什么事情比睡得安稳还重要!”是啊，我当然记得。

“应该说，人生还有什么事情比幸福、安全感和睡得安稳还重要!”说完，我们一起哈哈大笑。

幸福、安全感与睡得安稳，原来这么简单的事也是奢侈的啊!

从去年以来吃过不少朋友的喜酒，在喜宴上有个朋友看了看全场双双对对的情侣，问我：“你看得出来什么样的情侣会结婚，什么样的情侣不会吗?”

“问得好!”我抬了抬下巴说，“你看前面那一对明年要结婚的情侣，你从那个男生看女友的眼神中看到了什么?”

“什么?”她疑惑地皱了皱眉头。

“坚定啊!”

她听完马上拿起红酒杯敬我：“哈！好一个坚定的眼神!”

我常在观察，发现很多朋友的男友或老公，当他们跟女友出来的时候，你可以看到他看着对方的眼神是充满了坚定与认定的。他们即使忙碌时也会把握每一秒，把眼神关注在女友身上，不会多关注其他女生一眼；他吃饭的时候会先注意对方有没有吃到东西；只要手一有空，一定放在对方的身上或握着她的手，生怕此刻不握着她就会溜掉似的。他们互看对方的眼神是如此的充满默契、淡淡的一个微笑就能了解对方。当朋友问起他们的近况，他会坚定地看着自己的女友，告诉大家他们的生活、他们的计划和未来。他们侃侃而谈，我总是微笑着倾听。最后他们离开的时候，会微笑着手牵手跟我们挥手道别。每次我看着那一对对真诚相待的伴侣，我都觉得好窝心、好感动。

其实，只要一个眼神，就可以知道你在他心中的分量。其实，我们要的，就是一个坚定的眼神。我们女人要的，也不过就是想要知道，我们在你心里的地位。如此而已。

请让我知道，我在你心中是拥有如此“坚定”的位置，如此坚定，不容置疑。

但是，我们常常不清楚的是，即使说了“我爱你”之后，我们在对方的心里到底是什么位置……从以前到现在，我以为只要说得出“我爱你”“永远”“你要不要跟我结婚”的人，那些话、那些请求、那些承诺，都是经得起考验的，否则，我绝对不会说出“我爱你”“我永远爱你”，甚至是“我想嫁给你”这样的话。但是，有一天，你会发现，你再也不相信那些说爱你的人不会伤害你，那些说永远的人不会在下一秒离开你，那些说过想跟你共度一生的人不会就这样离开你的人生……

我一直很害怕，如果有一天，我们都不再相信了，到底还剩下什么？

我有个交过许多女友的朋友跟我诉苦，他现在也好想定下来，他说：“我终于想找个港口。”还有个好友跟我聊天，我问他喜欢什么样的女生，他也说：“我喜欢的女生，都是那些玩过了也累了，想找个避风港好好在一起的女生。我想，我是最好的避风港。”

“避风港……”我想着这个词，释然地笑了。

当我试着做别人的港口，当别人试着伸手接纳我，我们都以为一旦船靠岸，我们就能一直厮守、永远停泊，但我们却阻止不了人生中那些不会属于你的船收起锚、扬起帆，离你而去。

甚至最后我们才知道，离开才是对我们最好的结局。你可以找到更适合你的船，他可以找到更适合他的港口。我们看过太多分离，习惯太多别离，最后，我们开始怀疑……

我们每一次都把自己当做他的最后一个港口，我们用尽生命的力量去爱一个人，然后我们用尽了所有的力气去学习分离。但是下一次，我们还是敞开了手臂去当另一个真命天子的港口。

亲爱的，我希望你跟别人不一样，我们愿意相信爱情，不是因为我们相信童话故事，而是我们愿意相信在最混乱的真实世界，你，一定跟别人不一样。

我们一定不会过着王子与公主永远幸福快乐的日子，但是我们仍然期盼相信童话的可能，因为一旦我们不再信任了，我们怎么能在戴上戒指的那一刻告诉自己什么叫做生老病死、福祸与共、不离不弃、至死不渝？

我们不敢承认，我们最稀罕的原来是我们最不愿意相信的“永远”。

我也好想有一个人愿意当我的避风港，我也好想当一个人的港口，然后，我会用最大的力量去爱着他、保护他，做他生命中最后一个陪伴他的人。

我希望，他有足够坚定的眼神。我希望，他的拥抱永远是我的避风港。

每个人，都在努力地追求真爱，请相信，你一定会找到你的Mr. Right！

## 你要失败的感情，还是失败的人生？

很多人总是害怕失恋而辛苦维持一段感情。

对她们来说失恋等于失败，她们因为害怕失败，所以不想离开不对的人。

因为写作两性话题的关系，经常接到许多朋友和读者的问题，大部分的问题都是爱上了不对的人，但是却不知道怎么离开那个劈腿成性、伤透她心、欺负她、瞧不起她的男人。

跟朋友聊天的时候，我们总问："这个世界是怎么了，为什么那么多很好的女生总是离不开烂男人？"

我有个男性朋友说："很多女生不愿意离开烂男人的原因，是因为她们怕以后找不到更好的男人，所以她们宁可不要改变现状。"

我发现，很多女生谈了恋爱后，变得没有自信，她们不相信自己可以遇到更好的男人，所以她们愿意忍受那些对她不怎么好的男人；她们害怕失恋，所以宁可守着残破不堪的恋情。但是，我不懂的是，为什么很多人要把失恋和失败画上等号？

我不觉得失恋是不好的事。很多时候，我都觉得失恋、分手都是很好的事情，代表你离开了不适合自己的人，这样你才能够去认识更适合你、更棒的人。不管是以什么难堪的方式分手，即使你被劈腿了，你都要庆幸你可以早日发现，而不是披上婚纱了、孩子生了才被劈腿。换个角度想，你失恋了，代表你又可以当一个黄金单身女郎，世界上多的是大把的帅哥等着你认识，塞翁失马，焉知非福，说不定你以后找到一匹好马，才知道你以前都误把驴当马了！

每当听到朋友分手，我的第一句话就是："恭喜！"我们会一起吃饭喝酒庆祝，一起办个 party 恭喜她重获单身生活。我总是跟她们说："从今以后，有美食就吃、有美酒就喝、有美男子就多认识！"

用积极乐观的角度去看待失恋，其实你不是感情失败，你只是成功地离开了不适合你、伤害你的人。

什么是失败？失恋是失败？离婚是失败？被甩是失败？被劈腿是失败？我不认为。

有时候成功和失败只是一念之间，失败的感情只是为了让你能够在未来成功而铺路。我反而觉得，要感谢每一个你曾遇过的烂男人，如果没有他们教导你什么叫做"烂"，你怎么会知道什么叫做"好"，以后遇到对的人才会懂得珍惜与把握。

不要因为害怕失恋而坚持一段不健康的感情，否则你赔上的是你的人生。承认一段感情失败不用觉得丢脸，勇于面对感情的挫折，不要否定自己，承认自己犯了错、做了错误的决定，检讨后重新出发，去迎接新的人生。谁没有失败过呢？重点是，你要怎么面对它。

离开不对的人，需要的勇气比勇敢爱人还大。爱情不再只是牺牲奉献努力付出（如果那个对象不值得你付出），而是勇敢地割舍那些不好、不适合你的人。不离开烂人，你怎么会有机会遇到好男人？

最怕的就是，一直跟烂人在一起，也把自己拖累，甚至让自己不断地退步，陪他一起烂下去。

不要害怕失恋，也不要觉得失恋就代表失败。不要怕被笑，坦然接受失恋、勇敢离开不对的人，承认自己又跌倒了一次并不可耻，最怕的是跌倒了就再也站不起来。接受失恋、面对失败，才能选择自己的成功人生。

下一次遇到朋友陷入“爱不对人”的彷徨时，你可以问她：“你要选择失败的感情，还是失败的人生？”

不要怪烂男人耽误你的人生，很多时候，是你自己拖垮了自己的人生。

# Part 5

# 10 种你不应该爱的男人

在感情里跌过跤、受过伤，你会知道有些错误不能再犯，
有些男人不能爱，绝不可以因为寂寞就随便找个人陪伴。
10 种你不该爱的男人，请随时警惕自己，
一个爱你的男人应该懂得尊重你，而不会让你否定自己！

## 黄金单身玩咖男

他总是说他想以结婚为前提交女朋友，最后你才发现，他对每个人都这么说，想要结婚只是他想让对方误以为他认真的借口。

女王我最近发现有一个特殊的族群非常流行，就是年过 30 岁的黄金单身汉兼玩咖男……

这些男生大致有几个特点：年纪超过 30 岁，家境优渥（或许是小开）或事业有成（出手大方），朋友多、社交生活活跃，长得不错，各方条件好，但是吊诡的就是他单身许久没有交女友。

他总是说很想交女朋友定下来，但总是遇不到合适的对象。他遇到朋友总是希望大家帮他介绍女朋友，说他想以结婚为前提交女朋友。

你很诧异，大家帮他介绍了一堆女生，约会了无数次，甚至他赶场跑摊总是带不同的约会对象出席，每个看起来暧昧得好像已经跟他在一起，可是后来他都说交不到女朋友。朋友看到他都说："你一定太挑了！"他的异性缘好到你不相信他找不到对象，Facebook 里他的好友名单五百人里有四百个都是正妹，每个女生留言都很暧昧。每次聚餐时他的手机响不停，每一通都是女生打给他，而且他一定要出门讲电话。

他总是爱在 MSN 上流露单身男的孤单心情，但你周末晚上打给他，他总是在背景音乐很吵的地方接你电话，或隔天才回电。你在 Facebook 放跟他聚餐的合照，他会在他的版面把标签拿掉。你觉得他跟你约会交往上床，因为他把你当成他口中以结婚为前提交往的对象，但是后来他说，他可能不是一个适合结婚的对象。

他会跟小他十岁的青春女生交往，但是分手的理由是，你太年轻我不想耽误你的青春。他也会跟与他差不多年纪的熟女交往，但是分手的理由也是，你已经不年轻所以我不想耽误你的青春。

不管他有没有约会对象、可以一起盖棉被的对象、暧昧超过一年的对象，他都会官方声明："我没有女朋友。""请帮我介绍女朋友！""我想结婚，但是我交不到女朋友。"

最后你才发现，他是黄金单身大玩咖，想要结婚只是他想让对方误以为他认真的借口，他什么都准备好了只有他的心还没准备好，他为了想结婚，所以一定要多认识女生；他为了想交女朋友，所以你要一直帮他介绍女朋友。

你怀疑他是玩咖，他会说他去酒店是被迫应酬，去夜店单纯只是喝酒，去联谊只是交朋友，单独吃饭的、那些约会的，真的只是朋友。昨晚在楼下等他的、半夜打给他哭的……真的只是自以为是他的女朋友。

我认识一些所谓的黄金单身玩咖男，不过旁观者清，我总是在他们身边看着来来去去、每次都忘了叫什么英文名字的女朋友。

其实也不能怪他们爱玩，我常想，如果我也有这样的条件，诱惑这么多，备胎女友、约会对象挑不完，我怎么可能想定下来？但是，多年来观察这些玩咖男，发现他们之后的“发展”常出乎我的意料。

其中之一是，他伤了太多女生的心，得罪了一些女生后，常有女生原本互不相识，但是聊起来才发现彼此都曾跟他约会过，此后女生一起同仇敌忾，变成好朋友。

台北市那么小，你怎么知道会不会有一天你好不容易遇到一个女生想要“认真”地交往，后来女生通过其他女生发现原来你是个玩咖，不想跟你交往？

就像我有个朋友说，有个优质男现在一直交不到女友，因为台北市他所能认识或遇到的女生，只有四类：他的前女友、他前女友的朋友、他朋友的前女友，以及他朋友前女友的朋友。所以他说，他现在一点搞头也没有。

另一个奇怪的现象是，黄金单身玩咖男发现，跟他同龄的女生都早已看透他们的把戏，没有那么容易被唬住，所以他们便“向下发展”。他们专找20岁出头、还没出社会或刚出社会的新鲜人约会。他们说这样的女生好搞定，只要不小心讲到自己家境好

（也不知是真还是假）、随身带一两样名牌、讲自己工作多厉害，带她去吃她这个年纪的朋友不会去的好餐厅，很容易就能收买一些不知是无知还是虚荣的小妹妹的心。每次他们带着那些小自己一轮的小妹妹出来吃饭，看着他跟她讲话“自以为了不起”的模样，我都很想笑。

还有一种玩咖男，最后会遇到比自己还厉害的玩咖女，莫名其妙被吃定。有黄金单身玩咖男，自然有黄金单身玩咖女。

他们总是以为多了解女人、多聪明厉害，但是殊不知，真正的玩咖女往往都是那种“看起来气质清秀好像小红帽，洁身自爱很久没交男朋友”（那是因为她跟你一样从来不承认交过男朋友），女人比男人厉害的地方在于，就算你跟她结了婚、生了小孩、进了棺材，很多事情都是“you never know”，譬如她跟你们的伴郎有一腿之类。

玩过就好，见好就收。不要玩到最后恶名远播、只能骗小妹妹，或是以为在玩人，其实是被玩。

我只能说，台北市很小，Facebook 没有秘密。

各位朋友请多小心，各位玩咖请多保重。

# 我爱上了万人迷

**万人迷终究还是万人迷，他们怎么舍得那个光环？你说，有谁会不爱万人迷？可惜他的光环只照得到他自己，你只能当他身后的阴影。**

“我爱上了万人迷。”你无奈地扬起嘴角苦笑。

我知道你谈恋爱了，你爱上每个女生都想靠近的万人迷，我甚至不确定你是真的谈恋爱，还是只是单恋爱上万人迷。这一个月来，你巨细无遗地跟我报告你们相识的经过、约会的过程、MSN 的对话、聊天的内容，甚至连他的身边有几个女生喜欢他、交过几个女朋友，我都强迫收听，即使我并不认识他。

我看过他的照片，我知道你就是喜欢长得好看又会打扮的男人，而这种类型通常都是大家会喜欢的那种男人。打个比方，如果他走进朋友的KTV包厢，现场一定十个女生有八个会盯着他不放；如果他走进夜店包厢，十个女生必有五个巴着他不放。这样讲似乎有点夸张，至少我相信他绝对是那种走到哪里、女人的眼神就会飘到哪里的男人。

这种男人，我会直接在他的脸上打叉，写上大大的几个字："危险动物，生人勿近！"可惜的是，很多女生会喜欢上这样的危险动物。

我的朋友，她每一次都喜欢上这样的男生，交这样的男朋友，所以每一次都吃一样的苦、受一样的伤，爱得同样的短暂，然后用同样的方式分手，因为万人迷总是不止她一个女朋友。他们除了女朋友之外还有很多干妹、暧昧对象（含过夜）。他永远有收不完的短信、回不完的电话、推不掉的饭局、挡不掉的酒摊、搞不定的暧昧、推不开的妹。当你吃醋生气脸红脖子粗，他们总是推给你说："你爱我为什么不相信我？"

"没关系，我才是他的女朋友！"你总是这样安慰自己，"不管怎样，我还是他的女朋友。"可是，那些爱上万人迷的女生从来不管他有没有女朋友，每次他跟别的女生搞暧昧被你抓到，你生气地说："难道她不知道你有女朋友？"万人迷说："我没有骗她，可是她说她可以当我的小女友。"即使你跟他一起出去，总是有人当你的面吃他的豆腐，跟他聊天刻意笑得让你听到。

你每天被嫉妒搞得情绪低落，你不断打电话确认他身边是不是没有别的女人；你不断假想他会不会在每个你不注意的时刻欺骗你；你听到他谈论哪个女生，你会注意他们是不是友谊不单纯；

每当他电话响起，你马上神经紧绷是不是哪个女生又要约他出去，你假装不在意却又竖起耳朵听；如果他有网络相簿或是在线交友，你每天不断更新了解每一个可能会是敌人的女生，以及她们的网志内容；你默背他每个前女友的祖宗十八代，每天不断地搜索。

即使你用尽了心力，杜绝任何他出轨的可能，最后他还是会给你一个意想不到的“惊喜”。他不是跟一个你绝对想不到的人在一起，就是跟你从来不认识的人在一起。

去年你才跌了一跤，发现跟一个男人交往了半年，你居然只是第四者。你发誓说你再也不会喜欢万人迷的男生，但是你还是爱上了另一个万人迷。你跟我说，却像在安慰自己：“请放心，他只是长得像万人迷，他一点也不花心!”

你不断地跟我说他有多好，还有他的星座是居家好男生的代表。你说他真的只交过两个女朋友，他的朋友都说谁跟他在一起谁赚到；他说他一点也不爱玩、他说想认真定下来；他不断计划你们的将来，即使你们才在一起一个月又三天……他问你愿不愿意当他最后一个女朋友。

可是，他跟别人说他没有女朋友。亲爱的，我该怎么对你说?

过了几天，你告诉我，你好沮丧，万人迷终究还是万人迷，他们怎么舍得那个光环？你说，有谁会不爱万人迷？可惜他的光环只照得到他自己，你只能当他身后的阴影。你可以永远跟随他、离不开他，但是你终究只是他背后的阴影。

“难道万人迷都不想拥有真爱?”你问我。

他们当然想，他们当然也不想当万人迷，他们更不想你爱上他只是因为你爱“万人迷”。于是到最后，他们一点也不想当万人迷……

“为什么？如果可以，我也好想当万人迷！”

当万人迷真的很快乐吗？我不知道，但是如果他永远只爱着他的光环，和他在一起的人，一定很辛苦。你只能默默在他背后当个影子，你不会是他第一个重视的选项，他喜欢被众人围绕、被大家爱，而你，永远不可能要他放弃一切只为了跟你在一起。

“或许他有一天会浪子回头，会放弃一切跟我在一起啊？”

或许会有那一天吧，但你要拿什么跟他赌？你的时间、你的牺牲和你投注的所有努力？

如果你打从心里自认你配不上这个男人，得到他时会令你感到心虚，你就必须认清，这不是你应得的爱情。

你终究只是一个粉丝，他会垂怜你，他会靠近你，但是你们永远不是平等正常的关系。

万人迷总会笑着说他多爱他的粉丝，但事实上，万人迷并不会真的爱上粉丝。

## 男人的少女情结

有人说男人和少女不过就是各取所需，但这不就是一个各取所需的现实社会吗?

我发现，有些年过 30 岁的男人都不约而同地找了小他 10 岁左右的女生交往。

依照我以前的个性，我会先骂他一声禽兽，但是现在见多了后，我反而一点也不再诧异。我只是很好奇，30 岁的男人好歹也在社会上摸爬打滚几年，和还没出社会的花样年华少女谈恋爱，到底会不会有代沟? 就像你在烦恼加班月薪房贷时，少女的烦恼只不过是今天要不要逃课、下课后要去哪里玩、要期末考了怎么办……

那不会很奇怪吗?

随着身边越来越多“想要抓住青春尾巴”的熟男转攻不识愁

滋味的青春女生，我真的很好奇，他们是怎么转变的？于是我去问了几个与小妹妹交往的男士们……

A男今年30岁，前女友是大学生，他说："当初我也绝对想不到我会跟一个小我十几岁的女生在一起。那时候是因为觉得跟她在一起很轻松吧，不用花什么脑筋跟她讲话，也不用跟她聊一些生活上、工作上比较现实的东西，那些她都不懂也没兴趣懂，只要跟她一起吃喝玩乐就好。"

"那为什么会分手？"

"在一起跟分手都是同一个原因。跟小妹妹在一起只能吃喝玩乐，但是当她跟朋友可以一个晚上连赶三摊去跳舞喝酒玩通宵，我到两点就累了，后来根本只送她去夜店我就回公司加班。我以为跟她约会吃饭随便去个餐厅她就会满足，没想到她觉得我是社会人士，带她吃好的她可以跟朋友炫耀。再来，跟她聊生活上、工作上的问题和烦恼，她也没兴趣听，我讲了她也听不懂。她对未来也没什么想法和规划，更夸张的是她还有明星梦，觉得有摄影师找她外拍就离名模的路近一些，我真的无法跟她沟通。"

"你当初喜欢她不就是因为她是show girl，长得正身材好，在一起玩乐很轻松，没有现实的烦恼，觉得自己好像回到了20岁？"

"可是梦醒了发现我还是30岁的老男人啊！"

B男和交往多年、本来决定要结婚，连喜帖都发了的女友分手，现在跟一个大学生在一起，他说："请不要误会，我跟前女友分手绝对不是因为我跟小妹妹在一起！和小妹妹在一起是我失恋后有天出去玩认识的，我承认跟她在一起很开心，因为我从没跟小我这么多的女生在一起，好吧！要说是新鲜感啦、青春的肉体都可以，而且还能满足一点男人的成就感。她会崇拜我的社会经验，跟我同年龄的前女友只会嫌我业务专员当了几年升不了主管；但是在小妹妹面前随便炫耀一下，我就成了偶像，反正，她也不懂工作上的事，怎样讲她都觉得我很罩。只要请她吃吃饭、开车接送她，她就觉得我很照顾她。”

后来他却语重心长地补了一句：“但是，交往归交往，我觉得跟她在一起没有未来。”

“为什么？”

“我怎么敢带一个大四的女生回家，跟我妈说那是我女朋友？在我妈心中，我的前女友已经是神化的标准，聪明懂事又贤惠、工作能力强又会照顾我的生活。反观小妹妹根本还没出社会，什么都不懂还要我照顾她、烦恼她的工作和生活；我现在的年纪要娶老婆了，小妹妹在我父母心中绝对不是老婆的人选。我要是带她回家，一定会死得很惨，所以在一起开心就好，我不可能娶她。”

“不过，她也不会想到结婚这件事啊！结婚离她这个年纪太遥远了。”

“是啊！所以这就是我跟她在一起的原因。我跟差点要结婚的女友分手后，我现在也开始恐婚了。”

记得有一天，我跟三四个三十几岁的男性朋友吃饭，他们很开心地聊到最近不约而同跟小十几岁的女生约会的心得。

C男专门找小他10岁以上的女生做女朋友，现在女友还小他一轮，他说：“跟我同年纪的未婚女生不是长得太丑就是长得正却太挑、太聪明，这两种我都不敢碰，只好不断地往下发展。好啦，说难听一点，年轻女生就是好搞定。跟30岁的女生约会，我吃饭都要订个五星级饭店，但跟年轻妹妹吃饭，吃个回转寿司或简餐，她就觉得很开心，哈哈！”

“你想太多了吧，熟女也没要你请吃五星级饭店啊！”更何况我们自己也付得起。

D男说话了：“哎哟！你们这种年纪女生吃过太多好的，懂得的门路、生活经验不比我们少，我们要拿什么唬住你们？”

“对啊，我最怕酒量比我好、开车技术比我好、薪水又比我高、交友比我广阔的女人。我们就是爱面子，年轻女生在社会经济地位上比我们低，就是比较好搞定。”

“没办法，我们男人就是爱正妹。当然也有很多女生可以像志玲姐姐一样越老越正，像张曼玉一样越老越有味道；但是我身边那些30岁的女人，我每次被逼要帮她们介绍男友，连说‘她长得还不错’都有点心虚。但是，年轻的女生不需要保养，就算她们玩得凶、老得快，也不关我们的事，我们还可以找更年轻的。”

其实我也认识不少他们口中的无知少女，只是我常觉得无知的都不是那些少女，而是这些男人。

交过不少老男友的少女一号说：“我只能说，男人就是笨，而且越老的越笨！他以为我是无知少女，我才觉得他们是无知又自以为是的笨好人。跟我同年纪的男人对我好，我会颁给他好人卡；那些老男人对我好，我也会颁给他好人卡，只是发卡期比较长，而且他们的好人卡还会镶金边。”

“镶金边?”

“对啊，以感谢他们花的钱比较多。”

只爱成熟男，不跟同年纪男生交往的少女二号说：“熟男的好处是，他比较懂得照顾你，而且他们出手比较大方，跟他们在一起见的世面也比较广。一旦你真的跟出手大方的男生在一起过，你就很难回头了。而且熟男的工作很忙，管不到我，不像同年纪的男生每天闲着黏在你身边，我觉得很自由啊！说难听一点，我跟别的男生约会他也不会知道，我都说是要跟同学讨论报告。”

少女三号说：“不要把我跟那些拜金女混为一谈，我跟熟男交往真的只是因为我觉得自己个性比同年纪男生成熟，我比较欣赏成熟一点的男人，感觉比较有安全感。只是要小心一点，很多熟男其实都会隐瞒自己有女友（他们都会说是前女友）或有未婚妻，甚至有离过婚的事实，来跟你交往；更惨的是，我听过很多最后都还是回去跟女友（虽然他们还是说前女友）在一起，他们借口都会说‘你还年轻’。如果当初觉得我太年轻就不要跟我在一起啊!”

少女四号听到后说：“很多男人都是这种‘婚前返老还童征候群’，他们遇到女友逼婚开始恐惧，这时出现小妹妹让他们觉得轻松愉快仿佛年轻10岁，可是最后他还是要给女友一个交代。导致我现在遇到大我很多的男生追求我，我一定要做身家调查。”

熟女也要说话了……

32岁事业有成的单身熟女A说："我男友的前女友就是小他10岁还在念书的女生，他说他前女友自己上台北念书还要租房子，经济状况比较拮据，所以他常到大卖场买家用品给她，连她的计算机、电视、冰箱都是他买的。不是我爱计较，但是有一次我的打印机坏了，他帮我上网买了一台后叫我有空再给他钱。会赚钱的女人就不是女人吗？凭什么他可以买计算机电视冰箱给前女友，只是因为她比较穷；我会赚钱就活该倒霉，连一台三千元的打印机都要付给他钱！我在意的不是三千块这件事，这点小钱对我来说一点也不重要。我在意的是为什么他可以馈赠一堆东西给前女友，我却一点也没有？难道我要装穷他才会对我好吗？"

"干吗装穷？他对你好不好，跟他是不是同情你根本是两回事。何必跟他的前女友比，你又不想当拿人手短的人，你又不需要你男友接济。难道他多送你一点东西，就代表他比较爱你、你比较重要吗？"

熟女B说话了："女王你不懂，这个社会给我们熟女的压力有多大。我受不了每次朋友聚会，男生身边带了一个20岁出头的小女友，一副他很罩的样子，更可怕的是我根本不知道要跟20岁出头的小女友聊什么。吃完饭他们要去夜店续摊，我说我要回家隔天要上班，她还会问我为什么如此可怜，上班就不能去续摊？"

熟女C说："A，你的男友根本还好，我前男友还帮他小女友付房租，还带她出国度假，因为小女友说朋友的男友都会带她们去巴厘岛玩。但是，他跟我在一起的时候旅费都要跟我算清楚。更好笑的是有一次生日他送我一个GUCCI包，我感动地跟他说

‘谢谢你送我这么贵重的东西’，他还很讶异地说‘我小女友都不会跟我说谢谢’，我差点脱口而出这是我此生收过的最贵重的礼物。原来，在他小女友心中，这只是日常一般的礼物而已。唉！整个逊掉！”

熟女D说：“其实我觉得比较好搞定的反而是我们熟女吧，我们见多识广，到最后反而要的是很简单的感动。我承认年轻的时候会因为男人很罩所以很崇拜他，也曾为了男人的金钱、权力或地位而迷恋，但是现在看多了，反而更欣赏真诚单纯的男人。有些男人以为请吃大餐送名牌可以打动我们，其实错了，那只适合用在没见过世面的女人身上。”

“有人说男人和少女不过就是各取所需，但这不就是一个各取所需的现实社会吗？或许我们都太常用有色眼光看他们，说不定人家是真爱啊！有很多年纪差很多的人也是幸福美满，只是看你找‘对象’的心态是什么，如果你要的只是青春肉体，那么你就不能怪人家太青春，或青春不再。而且女人也不必气馁啊，如果只是为了想当青春肉体，一旦你老一点，马上就会被下一个青春肉体取代，你何必去当一个随时可以被取代的东西？”

“有人说年轻等于单纯，我只觉得这真是愚蠢。何不正大光明地说你就是有一点处女情结，但是你怎么晓得性生活的活跃度、经验值和年龄一定成正比？”

“其实年龄并不是最大的问题，我交过大我八岁的男友，我原本以为他会比较成熟稳重，结果没想到他比我还幼稚。我现在的男友才大我一岁，可是我觉得他的思想很成熟。年龄真的不是太大的问题，女人也不要觉得男人比较老就一定比较成熟稳重可靠、想定下来不爱玩。错，男人的心态跟年龄无关，活到老玩到老的男人很多！”

如果要说男人的少女情结就是一种生物的本能，我完全同意男人诚实的说法。但我发现，特别喜爱无知少女的人，往往都是最无知的人，他们享受着这样的无知，因为他们觉得自己好单纯：“我好像回到了18岁！”“我想抓住青春的尾巴！”

如果你的心态是如此，请不要怪女人，你年轻时候领好人卡，你年纪大的时候还是照样领好人卡……只不过，你的好人卡镶金边，如此而已。

## 假宅男，真色狼

他总是说他很宅，他很低调。所以他回到家后很少会接你的电话，不是说“我在睡觉没听到电话”，就是“我在打电动没听到电话”，或是“因为没人会打给我，所以我回家都设成静音”……

自从几年前“宅男”一词红了以后，处处都可以听到以宅男自居的男人。很妙的是，你常疑惑：“他是宅男?”

现在我观察到一种现象，以前宅男不是很受欢迎的男性类型，不管在电影里还是在现实生活中，只要我们提到宅男，印象就是很闷、不爱出门、不善言辞、不敢交女友。于是，我们常会听到女生笑男生：“你很宅耶!”让许多宅男还没追女生就被打回票，甚至成为好人卡卡友。

但是现在情况却跟过去不太一样，宅男一词当红成为显学，宅经济发酵，许多偶像男艺人纷纷表明其实自己也是宅男，宅男开始成为男人装无辜、装乖、装可爱的最新抬头。宅男的笨拙变成纯情，龟毛也可称为害羞，不善交际也成了油腔滑调男界的一股清流。女生笑男生“你很宅耶！”的另外一个意思也可能是：“你宅得好可爱！”

于是乎，许多男人纷纷抢当宅男，宅男成为把妹招数中“假gay扮姊妹”之后最新的“无害男”类型（假gay扮姊妹是女王曾说过男人把妹方法的一招，因为女生误以为对方是gay或姊妹淘，觉得无害失去防备，于是很容易被男人成功把到）。

老实说，我一向对宅男很有好感，我也不讳言常在公开场合讲：“宁可男友在家打电动不出门，也总比去夜店好。”我常帮助宅男朋友追女友，于公于私在各方面我都是力挺宅男的。

但是，我现在渐渐发现，越来越多自称宅男的男生，其实根本就不是宅男。他们就像披着羊皮的狼，到处称自己是宅男，其实是假宅男，真色狼！

你会发现这些男人有些共同特点，口才好风趣幽默（相较于宅男的木讷寡言），长得不差而且还会打扮（相较于不出门不时尚的宅男），朋友多人缘好（相较于宅男的朋友几乎都是未谋面的网友），总是说想交女友很想定下来（但是约会对象一直不断），爱说他不喜欢社交不爱出门（所以约会对象总见不得光，约会不出门只带回家），他们总是四处嚷嚷自己是宅男，偏偏他们做的事却一点也不宅。难道是我们误会了宅男的定义，还是对宅男有过多的误解和美化？

最近我观察到许多“以宅男之名，行把妹之实”的假宅男现象，也因为“宅男”是个太好的保护色，许多玩咖纷纷“扮猪吃老虎”四处跟人说：“我是宅男。”可是很妙的是，他总是晚上不在家打电动而跑去夜店，去了夜店又骗人说我平常很少出门，刚好今天有出门，刚好今天比较晚回家。

他会说：“我没有女朋友，我很少有女生朋友。”可是，你发现他的异性缘奇佳，打给他的几乎都是女生，MSN 名单上都是女生，Facebook 里都是女生，他随便约吃饭都可以找到好几个女生“刚好”今天有空。

他总是说他很宅，他很低调。所以他回到家后很少会接你的电话，不是说“我在睡觉没听到电话”，就是“我在打电动没听到电话”，或是“因为没人会打给我，所以我回家都设成静音”，事实上是他不一定在家，如果他在家不方便接你电话，是因为他都把女生带回家。

假宅男连偷吃都很宅，出外有风险，在家最安全。

我听过最扯的是有个男生明明长得帅、又有钱，怎么看都是具有天生当玩咖的最佳条件，但是他总是说他没有女朋友，因为他说自己是纯情宅男，希望大家帮他介绍女朋友。后来真的有人帮他介绍女朋友，他跟那女生第一次见面就要带她回家，亲人家脸颊问她喜不喜欢他。女生吓了一跳心想：“他不是说自己很宅吗？”

后来才发现，其实他早就有女朋友，只是从没跟朋友公开，常在家或不接电话不是因为打电动，而是跟女友约会。而且最扯的是，还被我看到开车载辣妹约会，看到我还不好意思打招呼。

假宅男发现，看起来像玩咖、夜店咖的油腔滑调男已经渐渐不受女生欢迎，要把妹绝对不能“看起来很花”，所以交过的女友数量都要除以三（这不是以前女生才会干的事?），宁可搞暧昧也不要恋情上台面，更绝对不能说自己很会把妹，如果人家说他怎样，他会说都是女生来把他，他不知道人家喜欢他。他努力塑造乖宝宝形象，很宅、很乖、很害羞、很纯情，女生都会觉得他好可爱。

假宅男乐于到处宣传“我是宅男”，但是真正的宅男并不一定会到处嚷嚷。

我只想说的是，这些假宅男们，你真的不是宅男!

请不要再一天到晚强调自己有多宅，也不要侮辱真正可爱的阿宅!

# 我男友说，他没有女朋友

他们总是说要找寻真爱，可是他从来不珍惜别人的爱。

他们想要有女朋友，却又想要享受单身。

他们需要寂寞的时候有人陪，却又渴望自由的时候不被干扰。

这年头有太多人，罹患了承诺恐惧症。

那天听到一个朋友跟我哭诉："我的男友跟别人说，他没有女朋友。"

"为什么？你们不是已经在一起半年了吗？"我很惊讶。

"我发现他还是有很多暧昧对象，有时候他会骗我，去跟别的女生单独约会，其实我都知道，但是又不想被他发现我在查他、不相信他，我也好痛苦。可是，我不懂，如果他还想单身，他可以不要交女朋友，如果他还想玩，为什么说他想结婚？"

“他真的想结婚，只是他不想跟你结婚吧！”我心里默默地想起这句我曾经在文章里写过的台词，但终究不好意思开口告诉她，我只是淡淡地说：“或许，他并没有那么确定你……”

“我知道我爱他，我很怕失去他，我是不是只要一摊牌就会失去这个男朋友？可是我真的厌倦了要去猜疑，要去跟情敌竞争、要去故作大方，没有安全感的感情关系，我到底要怎么办才能让他真的想定下来？我真的不知道该怎么办！”她难过地啜泣，我静静地递给她一张面巾纸，我想开口，喉咙却突然干涩……

唉！亲爱的，原来我也好难过。

“我知道，我们想要的是一段稳定的关系，而不只是一段泡沫恋情。我知道，我们都够勇敢地去拿出我们没有防备的真心。我知道，我们都很老派地需要一些认定、一点承诺，即使我们都知道承诺的有效期限总是比我们想的短暂。但是，这样的要求真的算是很高吗？”你忍不住拉高了音量。

我笑笑地耸了耸肩：“我不懂，为什么现在的人都变得好胆小，害怕承诺、害怕失败、害怕受伤。他们总是说真爱难寻，但重点是，他们从来没有认真地、拿出勇气去面对可能会是真爱的那个人。”

“但是，为什么我男友明明跟我在一起很好，却又害怕跟别人说他有女朋友？”

“你男友情愿伪装单身，只是因为他怕你不是他的真爱？”

“我知道他很喜欢我，但是对于认定一段关系或许对他来说需要太大的勇气……”

“那都是狗屁！”不用帮他找借口了。

如果我是他，我够爱你，我一定恨不得跟全世界的人广播我多么幸运可以跟你在一起。我一定会跟那些喜欢我的女生说，我已经跟你在一起。我一定会恨不得马上预约你后半辈子的人生，因为我不想错过你。

如果我是他，我绝对会很大声地告诉别人，你是我的女朋友。

我最近常常听到，有男友说怕女友不敢定下来，所以不知道要不要“正式”在一起。有女友说怕男友有太多女生喜欢他，他或许还没做好选择是不是要跟自己在一起；有人说怕对方年纪大不敢耽误人家青春；有人说怕对方年纪太小还不想要定下来；有人说他还没玩够怕不知道自己要的是什么；有人说还没让对方玩过怕他结婚会后悔；有人说怕对方还没挑完；有人说怕自己还没准备好；有人说以结婚为前提会吓跑男生；又有人说不以结婚为前提那我算是什么女生；还有人说他想结婚但是怕对方不是 Mr. Right；也有人说他不想结婚但是怕人家以为他是 Mr. Right……

最后他们都没有在一起，因为他们害怕太多错，反而不知道什么才是对……

他们说，真爱就是要在对的时间遇到对的人，但是很多时候，他们根本不知道自己对的时间在哪里，因为他们总是没有准备好……

他总是跟你说：“我还没有准备好。”

他们在脱掉你衣服的时候都很勇敢，遇到问题的时候都很懦弱。他们愿意跟你做爱，却不愿意在别人面前牵手。他们总是说要找寻真爱，可是他从来不珍惜别人的爱。他们总是推托时间不对、人不对，却从没想过自己哪里不对。

他们想要有女朋友，却又想要享受单身；他们需要寂寞的时候有人陪，却又渴望自由的时候不被干扰；他们想要有人等他回家，但又害怕他今后只剩一个家。

他们总是说恋爱是两个人的事，但到最后都变成你一个人的事；他说你是他女朋友，但是他不喜欢在公开场合牵你的手；你说他是你男朋友，可是他不喜欢把你介绍给他的亲朋好友。

于是，有一天你们分手了，没有人知道他交过女朋友。

因为，他是你的男朋友，你却只是他的炮友。

这里要来谈谈“男人的承诺恐惧症”，为什么你的男友不愿跟别人承认他有女友？来听听男人的真心话吧！

### 1. 他其实没那么喜欢你

这句来自《欲望城市》编剧 Greg 的名言：“He's just not that into you.”实在是太经典了。对，不要再替他找理由、帮他找借口了，他其实就是没有你想象中那么爱你。他想跟你约会，但是还不至于想发展成一段需要负责任的两人关系；他喜欢你，但是没有喜欢到愿意把你放在“女朋友”那个神圣的位置。

但你还是情愿相信他很喜欢你，即使他总是说很忙没时间打电话给你、忘了你们的约定、爱陪不重要的朋友喝酒也不陪你、最讨厌情人节、不喜欢过节送礼、工作压力太大导致看到你没有性趣……

其实扪心自问，如果你够爱一个人，这些事情怎么会有可能？

## 2. 你配不上他

因为在他心中，你不够好，你配不上他。可能是你不够正、学历不够高、工作上不了台面、条件不够好，甚至家世背景配不上他。所以他没办法带你回家，也没办法介绍给他的亲朋好友，他怕别人会笑他，他妈会骂他。

譬如说我听过有的男生朋友家里明文规定不准与艺人或model交往，所以他交的女友就不能公开，他们还是会交往，但是绝对不会娶回家。还有听过有学历太低、身高太矮、家庭背景悬殊、政治党派不同、长得不够漂亮等各种筛选条件。他会跟你在一起，可能是因为他现在没遇到他觉得够好的女生，但是当他遇到下一个命中注定的天命真女，他就会一脚把你踢开。

## 3. 做了只好跟你在一起

很多人只是因为寂寞而跟对方上了床，做了之后还算顺眼，就从一夜情发展成爱情关系，但其实他们并不是真的想跟你在一起，只是因为他们不想被当成禽兽、辜负女生的坏男人，而且女生也很喜欢他，多做几次也聊得来不如在一起。

但其实他们只是“假恋爱真上床”，你问他爱不爱你，他都会说：“我爱你啊，傻瓜！”但是他不会主动说爱你。

他不是很想认识你的朋友，也不是很想了解你的生活，他跟你见面大部分的时间都是上床。他不是那么想承认他跟你在一起，他觉得彼此只是凑合着在一起。因为他自己也搞不清楚他是真的很想跟你在一起，还是只是因为跟你上了床，只好“暂时”先跟你在一起。

### 4. 他还想跟别的女生约会

他还留恋着他的“黄金单身汉”金字招牌，他还想认识很多正妹，他还想跟很多女生搞暧昧，他还想跟不同的女生约会。我的一位男性朋友说得好：“我 30 岁，我现在正发光发热，每天都有认识不完的妹，我怎么可以拿一个罩子让自己熄灭?!”

但是，即使他现在有了你这个女朋友，他也不想断掉外面任何可能的机会，他怕他公开跟朋友说你是他女友，哪个多事的朋友帮他宣传，导致全世界都知道，他就再也没有机会。于是，你常常可以见到一群明明有女友但还是喜欢“伪单身”的男生朋友，他们绝对不会主动跟别的正妹说他有女友；你问他有没有女友，他会说他很寂寞，他都遇不到真爱，找不到了解他的人。

请注意：“寂寞、遇不到真爱、找不到了解他的人。”这都是话中有话的把妹安全说辞。是啊！他有女友，只是他还是很寂寞、不知道女友是不是真爱、女友也不是最了解他的人。

### 5. 他还没准备好

他总是说：“I am not ready.”这是最受欢迎的台词。

但是你问他的时间表，他永远没有准时的时间表，他会说两年后、五年后，或是等他赚大钱的时候。其实他根本没有把你放到他未来的人生规划表里，那不是他的错，因为他连自己的规划表在哪里都不知道。他害怕别人问他什么时候想定下来、想结婚，他害怕跟你去吃喜酒，他害怕带你去见家人，他更害怕跟你逛街经过婚纱店。

可是神奇的是，很多口中总是嚷嚷着“I am not ready”的男人，通常分手后会马上娶下一个女人。你纳闷，他不是说五年后才准备好，等他存到五百万再考虑结婚吗？为什么他一跟我分手就要结婚？

笨蛋，这不是时间的问题，是人的问题。

### 6. 他想结婚，只是他不想跟你结婚

延续上面一点，很多男人到了适婚年龄总是说想结婚，甚至他都放话说要以结婚为前提来交往，但是他跟你交往后，你就再也没听到他在你面前说过“结婚”这个话题。

见鬼了！

他害怕在公开场合介绍你是他女友，因为大家会问他是不是好事近了，他说他会有压力。他害怕你跟他逼婚，这样会让他恐婚，于是他渐渐不想向别人自我介绍他有女友，因为他怕别人以为他马上要结婚。

但是，其实他并不是恐婚，也不是不想结婚，只是他打从心里就不认为他会跟你结婚。

## 7. 他会说："我不想破坏你的行情。"

他很体贴地为你着想，怕公开了会破坏你的行情，他说其实他不够好，还有更多好男生追你，他不想害你失去机会你应多比较。但是，人家女生不再介意"破坏行情"都要跟你在一起了，你在那边假好心什么？我看是你不想破坏"自己的行情"吧?！这种男生真的一点责任感也没有，我才不相信，如果你爱一个人，你会想要拱手让人？

这一切绝对不是"我为了你好"，如果一个男生爱死这个女生，他当然非她不要，最好让全世界知道她是他的女友，没有人可以来跟他抢女友。岂有不想破坏女友行情，想要她更多人追，怕别人比自己好所以赶快把女友让人这种道理？

他真的爱你的话，他会想尽办法让全世界知道，你是他的女人。

## 8. 他还有别的女朋友

他不想承认你是他女友，因为你不是他唯一的女朋友。

他还想偷吃，还想跟前女友暧昧，还想交别的女朋友，所以他才不愿意公开承认你是他的女友。所以，你还是先去确定一下他还有没有其他的女友。

你要注意他是不是总是说要低调。见鬼！他又不是大明星怕跟拍，为什么跟你在一起要装低调？你是哪里见不得人？很妙的是，爱偷吃的都说喜欢低调，他不是真的害羞，只是他谈恋爱从来不会高调。他不想让你上台面，因为他所有的女友都在台面下。没有人知道他交过几个女朋友，也没有人知道他现在有没有女朋友，他们打太极的功力比大明星的经纪人还高。

你不是他的女友，因为他从来不会承认他有女友。

看到这里，你应该可以了解他不愿意承认或许有哪些原因。等待一个“承诺恐惧症”的男人不再害怕承诺，可能很难等得到那一天，不如找个有肩膀、有责任感一点的男人吧！

# 晚上十一点以后才会打给你的男人

喝醉酒后的爱，绝对不能当真。如果不能头脑清楚地谈恋爱，不能对自己说的话负责，不能在意志坚定的情况下告白，这种爱情，顶多只是一夜情。

有个女生交了个男友，交往了半年大家始终看不见她的男友，每次问她要不要找他吃饭，她总是说："我男友很忙，他要晚上十一点以后才会有空。"

"所以你们没在晚上十一点以前约会过？"朋友惊讶地问。

"几乎没有吧！他很忙啊，很晚下班。"

"那你们有一起吃过晚饭吗？男女朋友约会的那种晚饭？"

"嗯，没有耶，只有一起吃过消夜，他会请我帮他买消夜。"

"那这样哪算男女朋友，连吃晚餐都没有，这不是连约会都没有？"

“我们有约会啊，他会来找我，或是我会去找他。”

“去哪里?”

“我家或他家。”

“那你们有一起看过电影吗?”

“没有吧，在家看 DVD 算不算?”

“不算啊！没看过电影哪叫男女朋友!”

“那你们有亲密关系吗?”

“废话这还要问哦?”另一个朋友忍不住插话。

“那……你们到底算不算在一起?”

“算吧！我们都在一起半年了。”

“所以你们没有周末白天约会过、没有一起去过电影院、没有吃过约会晚餐，甚至没有在公开场合见过彼此朋友，那你们都怎么‘在一起’?”

“他会打电话给我，他会陪我，我也会去陪他。我们经常在一起啊!”

“他几点会打给你?”

“大概晚上十一点以后。”

原来，她的男友是一位“夜行性动物”，只有晚上十一点以后才想约会。但基本上，晚上十一点以后的单独约会（甚至单独在室内）就是“性邀约”。如果一个男人连跟你吃个饭、看个电影这种出去约会的时间也不愿意浪费，只希望你来找他、他来找你，共度美好的一夜；而你的生活他从来不愿参与，他的世界你总是无法参与。

这样的关系，真的算“在一起”吗？

各位女生，有三种男人一定要小心：

第一种，总是在晚上十一点以后才会打电话约你的男人。

第二种，总是在喝醉酒后才会打电话给你的男人。

第三种，总是临时打给你就要约你出来的男人。

第一种，所谓的晚上十一点以后才会打给你的男人，除了某些工作上的特例一定会超过十一点下班（但你必须确定他真的在上班），否则我只能说“你是他的甜点，但不是他的主菜”。更甚者，周末总是无法陪你，很多是早已有正牌女友或是已婚的男人。

如果一个男人重视你，他不会用“我谈恋爱喜欢低调一点”当做不把你公开的好理由（除非他是周杰伦或任何大牌艺人）。如果他爱你、他喜欢你，他会恨不得跟全世界宣布你们在一起，他有空一定想陪你；即使他再忙，他去上厕所也会想办法抽出一分钟打电话给你；没有时间都只是借口，只是看他要不要花时间。如果他真的重视你，他怎么可能只会在十一点以后才打给你？

如果你们相处的时间总是在他家或在床上，你必须认真考虑“交往”的定义。

第二种，总是在喝醉酒后才会打给你的男人。这种男人总是会塑造出“酒后吐真言”的铁汉柔情形象，让你为他一把鼻涕一把眼泪地感动“原来我才是他的真爱”。醒醒吧！喝醉酒才会打给你的男人，其实就是不想在脑袋清楚的时候想到你，他不想对自己说的话（和行为）负责，而且他对你说的“酒后真言”等他醒来马上忘光。

更恐怖的是“总是在十一点以后加上喝醉酒后”才打给你的男人。千万不要听信那些男人酒后说有多爱你，真的爱你的男人绝不会在意识不清楚的情况下告白，他应该慎重地、认真地把自己说的话当一回事，而不是用喝醉来逃避“说话就要算话”的责任。喝醉酒后的爱，绝对不能当真。如果不能头脑清楚地谈恋爱，不能对自己说的话负责，不能在意志坚定的情况下告白，这种爱情，顶多只是一夜情。隔天醒来，没有人会对自己说过的话负责。

我的男性朋友说，男人有清醒和喝醉两种模式，他会在清醒情况下爱的绝对是真正爱的女人，在喝醉情况下爱的只不过是玩玩就好的女人。他爱一个女人，他会用尊重她的方式去爱她。更何况我的好友史丹利也说过，男子汉绝对不会喝醉酒才告白。如果男人真的爱一个女人，会希望自己在理智清醒的情况下展开一段关系。

不要相信酒后吐真言的爱情，如果他总是只约你去喝酒，只会十一点以后喝醉酒才“突然”想到你，最好的方法就是挂断他的电话，好好睡个美容觉。

要么就要当主菜，为什么要当他酒后的甜点！

第三种，有些男人总是临时打电话约你“等一下要不要去××？”“我现在在……你要不要过来？”他会到快下班（或过了吃饭时间）才临时问你要不要一起吃饭，他跟你的约会总是很临时才决定。他总是没有计划到哪里才“突然”想问你要不要一起，他会突然告诉你他在哪里，你要不要过去找他……

如果他总是如此，你总是捉摸不定他的时间表，他总是不会事先约你、不会认真安排一次约会，老实说，你只是一个“垫档”的。

可能他刚好想约的、约好的女生不能来，或跟别人的约会刚好中间有空当，所以找你出来垫档；可能是他现在突然无聊，晚一点又有约会，所以找你出来喝杯茶。如果他在任何重要的日子总是有事、要加班、要回家侍奉双亲、要应酬，总是无法跟你一起晚餐，晚餐时间打给他又正好很忙无法接听。亲爱的，你真的只是垫档的。

或许他忙完主菜会在十一点以后来找你这个甜点；他临时约你因为主菜临时放他鸽子；或其实他有很多选择，你只是他选择的其中之一，他每个女人都会约，谁有空就约谁吃饭。所以他临时打给你，因为你刚好是今天唯一有空的，恭喜你中奖！

很多人觉得这是惊喜，但千万别高兴得太早。你要看他是不是总是临时才打给你，如果你总是不能预定他的行事历，问不出他的时间表，这次约会不知道下次何时见面，那你绝对不是他唯一约会（或交往）的对象。

任何一个嘴巴上说爱你、重视你的男人，绝对会用“尊重你”的方式去对待你。

男人会尊重懂得尊重自己的女人。

请离开这三种男人。

# 你爱他，还是爱他的职业？

如果你爱他，你也会一样爱他的工作。

而不是因为他的工作，所以才爱上他。

虽然说职业无贵贱，但是在现实世界里，你不得不承认，职业还是有贵贱的。如果要说一个大家口中的优秀职业以及相亲市场上最受欢迎的职业类别，大概就是“医生”了吧！

从以前到现在，我认识许多与医生交往过的人，十个有八个都曾跟我说：“我的医生男友家人说，他只能跟医生交往。”不只是男生，在我大学时代认识念医学院女生的男友，为了符合她家人规定“我女儿只能跟医生交往”而放弃所学，重考一次大学进入医学院后，又被女生家人嫌弃“你念的不是台大医学院”而被迫分手，当时我听到后只能用“错愕”两字来形容。

而我发现，通常念医学院的学生，很多父母本来就是医生，他们希望自己的子女也能跟他们一样，而产生所谓的“医生世家”。尤其若父母念的是名校的医学院，更希望子女也能继承自己的优良传统，成为自己的学弟学妹。父母若是名医，子女的压力和背负的责任也会更大。

根据我的观察，我发现许多念医学院或当医生的朋友的确提过这样的现象，甚至很多正在跟医生交往的人更是深有体会。我认识跟医生交往的女性朋友们，如果她们的职业不是医生，通常一开始会被对方的父母质疑“你配不配得上我儿子”；当然这不是每个人都会遇到，但是不幸遇到时，你会怀疑“职业无贵贱”到底是不是说得比唱得好听，为何你儿子当医生地位就比较崇高，别的女人跟他在一起就是要攀附他?

还有的医生世家父母，虽不限定小孩一定要跟医生交往，但是严禁与护士交往。或许从过去到现在，医生是收入很高、很受敬重的职业，于是许多女人以嫁给医生成为“医师娘”为荣。因此，医生一直是占着很崇高的地位。

我的女性朋友A说：“我男友是医生没错，现在即使在大医院当医生，薪水也不会多高。但是，他爸妈一直觉得儿子是医生一定很有钱，要拿钱给父母。我去他家的时候，他父母还会对我冷嘲热讽，嫌我不是医生只想当医生娘！拜托，我都不好意思跟他爸妈说，其实我赚得比你儿子多!”

女性朋友B说：“我男友的爸妈即使知道我们在交往，还是一天到晚帮他安排相亲饭局，介绍给他儿子的也都是医生。好像只有当医生才是血统纯正、基因优良，医生界的联姻好似豪门联姻一般。”

我的男性医生朋友说：“唉，我就是你女性朋友说的那种一天到晚被迫相亲的医生。我也很苦恼啊，但是我全家大小都是医生，我要去哪里找不是医生但是他们又喜欢的女生?”

另一男性医生说：“老实说我们在相亲界是很受欢迎啦！只要女生知道我是医生，都以为我一定很有钱，其实我每个月薪水扣掉要缴的钱也只剩下三四万，也不过跟一个上班族小主管差不多。不要以为我们很有钱，真的有钱要找那种开业的啦!”

我也认识许多跟医生交往过程中很努力才得到对方父母认同的女生，除了替她们感到心疼，也深深地不解，为什么会有这么多人遇到这样的问题，难道一个好男生、好女生只是因为不是医生就要被否定？三百六十行，行行出状元，每个职业都有值得尊敬和肯定之处，为什么一旦有个被普遍认定社会阶级比较高的职业，就要否定那些与你不同的人？大家都是努力在这个社会上求生存的人，不是吗?

会写这篇文章也是因为常听到有人跟我讨论，虽然也有很多医生朋友并没有这样的困扰，但是同样的话题长久以来一直存在着，这让我觉得非常不可思议。就如同我朋友所言：“他的父母凭着哪一点认为别人的职业都配不上医生?”

不过后来故事的发展出乎我们的意料。我的朋友和她的医生男友交往一年后因为受不了她男友父母的压力而分手。他们在一起的这段期间，他父母不断地为儿子安排相亲，好像当他女友不曾存在过，因为她不是医生配不上他。后来她发现，男友父母帮他安排的相亲对象也不全都是医生，还有很多政商名流的后代，所以重点根本不是“医生”，而是钱。

他们分手三个月后，男友宣布闪电结婚，结婚对象不是医生，是某个政治人物的小孩。原来医生世家也是乐于跟政治世家联姻，但是后来更戏剧化的发展是，两家人都爱面子地要在五星级饭店办婚宴，一桌要两万五起跳，订了饭店却没有人要付钱，因为两家人都觉得：“对方比我有钱！”

原来一个爱钱、一个爱权，却没有人想多出一毛钱。我朋友知道后大笑：“还好我跟他分手了，离开这种势利的家庭是对的。如果他喜宴顺利办成，我一定会包红包给他贴补家用。”

我觉得，人如果想利用别人、居心叵测、心存歹念，通常都会遭到报应，例如说喜欢处女的男人通常会娶到假处女（不然你以为那些做处女膜的女生要嫁给谁）；爱慕虚荣的女人通常会被假小开骗（如果你爱钱，我不骗你骗谁）；如果你把感情和金钱地位、阶级利益放在一起衡量，你怎么看别人，别人就怎么看你。大家如果互相利用没有冲突还好，如果破局的话，就会上演争产争子的社会新闻，难堪至极。

回到主题，为何有些医生的父母希望自己子女也和医生在一起？我觉得首先来说，医生从古至今在社会上都是被人尊敬的职业，在以前没有保健的年代，医生收入比现在多出很多倍。医生除了是聪明的象征，也有令人敬重的社会地位，更有比一般人好的收入。于是，许多女人以当“医生娘”为荣，在以前，医生娘大概如同贵妇，嫁给医生就如同捧了金饭碗，令许多女人趋之若鹜。

所以，在恋爱、婚姻市场，医生一直都是非常受欢迎的职业。

虽然我不喜欢“看医生”，但是我认识不少很棒的医生朋友，我了解他们非常人的生活作息和压力，所以我也非常敬佩可以当医生的人，他们的工作值得得到高收入，甚至更高的收入。医生很辛苦，所以，当医生的老婆才更辛苦。

但是，我不能接受的是，某些身为医生的父母觉得自己小孩比较优异而必须跟同一类的人交往。没错，你可以觉得自己的小孩优异，但请别那么势利。如果是抱着同行的人才能体谅对方工作的心态，或许还情有可原。

但是，这个社会的每一个角落不也都会不断地发生这样的问题？又要能符合阶级利益，又要能幸福美满的婚姻，想要占便宜又不想被利用，怕别人来攀附又怕被人说高攀。

当我们拿了太多尺度来衡量，却忘了真心相爱是多么难能可贵的事。

有人需要盛大的婚宴与称头的人致辞，有人喜欢响亮的头衔与别人的奉承，有人在意名片的抬头与政商关系，有人乐于当某某的老婆、某某某的媳妇；但是，宴会散了、灯光灭了、头衔没了、位置不见了，别人尊敬的是那个“你是谁的谁”，而不是那个“什么也不是”的你。你还剩下什么？

当你太过现实，这个社会也会对你现实得可怕。

如果你爱他，你也会一样爱他的工作。而不是因为他的工作，所以才爱上他。

很多女人，会因为男人的职业来衡量甚至影响她喜不喜欢一个男人，当然也往往因为某些职业的“光环”而喜欢上某些人。而迷信这些光环的女人，也往往被光环所蒙蔽、所骗，甚至被利用，最后发现，现实跟自己的想象完全不同。最可怕的是，有的人迷恋上那个光环，也把光环往自己的头顶上戴。

于是，她们会用男友、老公的职业来介绍他们以及介绍自己。

喜欢一个人，大可不必那么现实。你该仔细想想，一旦没有了光环，你还可以喜欢这个人吗？

更何况，谁不知道你只是想沾光呢？

# 情深义重前男友

如果你真的那么爱她在乎她，当初为何要伤害她？又为何在伤害了她之后，还要表现出自己也想当好人？如果她是你的唯一，当初你为何还要劈腿？

有些男人与你分手后失联多年，突然冒出来关心你：“你现在过得好吗？”你正纳闷着，他却说：“其实我一直都很关心你！”

莫名其妙！当初分手把你伤得很深、分得很果决，他告诉你他爱上了别人，你花了很长时间疗伤好不容易走了出来；事隔多年他突然想要忏悔，当初不闻不问不关心你，恨不得马上离开你，现在突然“佛心来着”跑来关心你离开他后过得好不好？

你说你过得好极了，他还不相信，事实上与他分手后人生大放光明，他还是不死心地想要知道：“没有我的这些日子，你过得好不好?”

这阵子，我听到很多这样的例子，许多人身边突然冒出失联已久的“前男友”，有些朋友的已婚前男友突然在MSN上一直向她诉说婚后生活多痛苦，突然发现自己还是很关心前女友，一直写一些暧昧的对话，女生看到觉得很想吐，忍不住回他：“你老婆预产期是什么时候?”

另一个女生分手多年没有联络的前男友，奉子成婚后又突然一直找她聊天，问她有没有男友、离开他之后有没有遇到真爱。女生与他分手多年早已把他当陌生人，实在想不透为何已婚了还要找她聊天，男人讲得好像自己情深义重关心她，事实上，女生根本连他长什么样子都记不太清楚了，她说：“他以为他是谁?他以为他很重要吗?”

还有的女生说，当初前男友百般嫌她跟她分手，现在看到女生受欢迎、变漂亮，又交了比他好的男友，居然在自己的Blog上贴了一堆他跟前女友的合照，以宣示“前男友的主权”，又写一堆类似旧爱还是最美的文章，令女生不胜其扰。

有个女生被男友劈腿后分手多年，男生也交了女友同居住在一起感情稳定，他却在分手两年后试图想要跟前女友做朋友，并传短信给她：“You are the one.”女生看了大感不可思议：“拜托！他已经有同居女友了，传这种短信实在太缺德了吧!”

甚至还有男人结婚前突然要找前女友出来吃饭聊天，其实只是想来最后一炮。女生发现他隐瞒即将结婚的消息，于是拒绝他的邀约。

由于听到太多类似的故事，我忍不住觉得好奇，为何这些男人都要以“情深义重前男友”的角色出现在“现在其实一点也不在乎他”的前女友面前；更有趣的是，当初伤害她的男人，现在又想要以关心她、补偿她、忘不了她的模样出现在她面前。

这不是很诡异吗？如果你真的那么爱她在乎她，当初为何要伤害她？又为何在伤害了她之后，还要表现出自己也想当好人？如果她是你的唯一，当初你为何还要劈腿？

更妙的是，大部分的女人在分手后，并不会怀念旧爱，只要交到新男友，人生就是重新出发。但是，有的男人分手后，仍一直误以为女生还是对他念念不忘，相信即使分手后自己仍在她心中占了最重要的位置。看到女生现在过得好，却又要出现在她面前想证明自己的重要。他无法相信，当初有多爱他的女生，现在没有他居然过得更好。

这就是男生和女生不同的地方。

女生只要谈了新恋情，前男友对她来说只是路人甲，她会自动从脑海中删除过去不重要的记忆。如果她忘了对方的电话号码、生日，那也是正常的事。

但是男人就不同了。男人不管现在交了女友还是已经结婚，都会忘不了前女友。

“前女友”就像是他的罩门和死穴，他会忍不住想留意、想关心前女友的近况，如果遇到缺德一点的前女友，请他帮忙、叫他陪她看医生、喝醉酒请他送她回家、跟他借钱、请他修水电、修计算机；只要缺德前女友表现出“都是因为你离开我所以我过得不好”加上哭哭啼啼的免死金牌，大部分的男生都会答应。

很多男生宁可抱着让现任女友不愉快的风险，也要和前女友保持“友谊”的关系。这就是男人的弱点和盲点。

男人的弱点是“不懂拒绝”，他以为这是做公益做善事当好人。男人的盲点是“前女友”，他总是误以为自己要为前女友的不幸负责，他把自己想得太重要。事实上，除了想要利用你、破坏你的感情，否则，没有任何一个前女友想要理你。

前女友不想理你，就是不想理你，请你不要自作多情，我们女人真的比你想得还要无情。所以，我只想跟各位“情深义重前男友”说：“对不起，你真的不重要。没有你，我们真的过得比较好。”

如果你们真的那么情深义重，我希望你们只要当情深义重的“现任男友”，而不要总是当个情深义重的“前男友”！

谢谢你的关心，请你好好去爱你的“现任女友”！

# 以爱为名的牢笼

有的女人，她们的眼界就这般大。牢里的屋顶对她们来说就是世界的天空。

有的男人，格局就这么小。能盖一座牢笼就是他成就的象征。

有很多女人谈了恋爱后好像得了失智症、行动不便症、自闭症，你问她要不要一起去哪里，她会回："我要问我男友。"你问她要不要跟姊妹淘聚会，她会问："可不可以带我男友?"你问她要不要一起去吃饭，她拒绝你的原因是："今天我男友不能来载我。"

于是，她们的口头禅就是"我男友"，她丧失了决定权，一切都要问她男友，她评价一切的标准，也变成了："我男友觉得……"她失去了生活上、行动上的能力，只因为她男友不在身旁、她男友今天不能载她。她的眼中只有男友没有朋友，她会放你鸽子，忘了你的生日，不想和朋友聚会，只是因为她很爱她的男友。

她恋爱甜蜜时，不会想到你，一旦跟男友吵架分手，才会打电话来告诉你。而不管你给她多少良心建议，最后她还是会犯贱地回到该死的男友身边，而你变成拆散他们感情的罪人。她们甚至会放弃课业、放弃工作去陪伴男友，她们会放弃自己的喜好、意见，只因为她男友不喜欢。于是，生活中你往往可以看见很多女生整天依偎着男友，没有男友不能活，没有男友哪里都去不了，没有男友她的人生就没有任何意义。

我当然知道恋爱中的人难免会重色轻友，但是过分地重视男友，到最后你只会落到没有朋友。

常有人会问我："女王，你一天到晚出国，男友不会怎样吗?"言下之意就是，男友都不会反对或不开心吗？我很讶异为何常有人这样问，原来许多人出国玩的首选就是跟男友一起出国，很少女生像我一样除了工作出差外，几乎都是自己一个人旅行或跟朋友出国。

甚至很多想安排自助旅行的读者都是以"跟男友出国为前提"，如果自己想去，她们会说："我要问一下我男友。"有时我很疑惑，请问，你男友是帮你出旅费吗？如果不是，为何你不能决定自己要不要出国？有时我都很想回答她们："我爸妈都没意见了，男友凭什么有意见?"如果你年纪还轻，你第一个该问的是爸妈的意见，而不是男友的意见。

虽然我常出国，但我不觉得会影响感情，反而觉得人生多了很多经历可以跟对方分享是一件美好的事。但有人说："如果可以跟男友一起去、一起分享不是更好？"的确是很好啊！但是，人生有很多经验也不一定都要有人"陪你"体验，因为有人陪你跟你自己体验绝对是两回事。如果你人生所有的事情都要拉着人、有人陪你，你才愿意体验，那岂不是无趣至极，更何况，你还有什么是属于你个人的成长与生活阅历的？

许多人谈了恋爱，会把彼此对对方的限制当做爱的象征。于是，对方管你越多、限制你越多，你就会认为他越爱你。于是我们会看到很多女人，谈了恋爱后，世界变得很小、眼界变得很小，心胸也变得更小。

我也曾经把"限制"当做爱的表现，所以，以前男友限制我交朋友、限制我工作发展、限制我不能打电话给男性朋友、限制我的兴趣喜好，我都以为我很幸福，因为我的男友这么爱我。但是，后来我才知道那都是错的！

很多人误以为能够改变对方才是真爱，于是不断地想以爱为名改变对方原本的模样。或许改变成功了，你很开心，但是我深深觉得，那只是一时的"迁就"，而不是真正改变。如果要改变一个人才能让你爱人，不如找一个不用你去改变的人。

他们总是爱说："我是为你好。"但是仔细想想，这真的是为你好，还是为他自己好？

我一直觉得，一份健康的爱情，应该是彼此在一起之后互相成长，学业事业都彼此砥砺进步，视野变得宽广，生活变得更丰富更充实，心情变得更美好，人生也会越走越好。但一个不对的人，会让你的一切都越变越差。以爱为名的牢笼很像毒品，当你上瘾了，你就必须不断地被限制、被禁锢，活在爱的牢笼，哪里也走不了。更惨的是，你会觉得这个监牢很像天堂，为何别人不来当囚犯。

但是，一个爱你的人，应该给你的是一片天空，而不是一座牢笼。

以前曾听到一句话："好的爱情是会让你的世界越来越大，而不是让你的世界越变越小。"当时的我，真的感触良多。

你的身边总有像这样活在"以爱为名"的牢笼里的女人，做到你身为朋友应该尽的良心建议和能力范围内的帮助即可。你能点醒她最好，如果不能的话，就让她活在自己"甜蜜又痛苦"的世界吧！总有一天她会自己打开牢门。但千万不要因为牢里的女人影响你自由人的生活与判断力。毕竟，当她要拖累自己的人生时，你不用拿自己的人生跟她一起下注。

有的女人，她们的眼界就这般大。牢里的屋顶对她们来说就是世界的天空。

有的男人，格局就这么小。能盖一座牢笼就是他成就的象征。

别跟小心眼与小格局的人计较，要做一个眼界更宽广、世界更大的人。爱一个能让你的人生更宽广的男人，千万不要爱一个会阻碍你前途的男人。

如果他爱你，他不会处处限制你，他会第一个支持你！

# 无法开口说分手的人

“离开”是爱情里最难的一个课题，很多人知道怎么去爱，却不知道怎么优雅离去，好好说句“Good bye”。

最近听到身边几个分手的故事，我发现，越来越多的人连说一句“再见”都开不了口，宁可人间蒸发、避不见面、冷战、拖着摆烂，也不愿意主动开口提分手。

于是，现在定义分手的方式往往来自于“失联超过一周形同分手”“三天不回电话不回短信等同于分手”“明明没事却两周不约会不见面不上床形同感情失效”“冷战超过一天对方却不打电话来就单方面宣告分手”“两人开始各玩各的再也不一起出来大概等于分手”……于是越来越多的人不敢面对面说分手，拜科技发达之赐，总是听到许多人用 MSN、手机短信、网络留言板提分手。

更多人是看到八卦新闻、对方Blog、网络相簿、交友网站或其他人的相簿、他的MSN昵称，甚至听到路人甲告诉他对方已经宣告单身，才知道自己已经“被分手”了。甚至很多人是看到自己的男（女）友交了新的男（女）友、劈腿了，他的新男（女）友问他“请问你是谁?”之后，才恍然大悟两人已经game over。

而那些“不敢开口提分手”的人，往往都是因为不想当坏人、不想伤害对方、不想成为负心汉、不想不负责任。他们觉得自己即使不爱对方了，也不忍心马上离开伤害对方，宁可拖着，等到一个“好时机”，甚至让对方主动来提分手。

他们只是不想当坏人，却往往伤害了最多的人。

许多人非常气愤这样的人，他们无法忍受为什么对方想分手却又不肯说，白白浪费他宝贵的时间、宝贵的青春？为什么分手不肯好好谈，宁可用逃避的方式让对方受不了后主动求去？我有个朋友就是遇到这样的男人，他在吵架之后不接电话不回短信MSN不上线，人间蒸发了两个星期，最后我朋友受不了传短信给他：“我们是不是要好好谈谈?”他回：“我们没什么好谈了。”

“连说一句分手都不愿意的男人，够没担当！”其他朋友愤愤不平地说着。

“或许，就是有很多人只知道进场但不知道如何离场吧。”这让我想到《欲望城市》里有一幕最糟的分手方式，留一张便利贴说分手。还有更糟的，他要结婚了，可是新娘不是你。我想这是史上最糟的分手方式。

的确，“离开”是爱情里最难的一个课题，很多人知道怎么去爱，却不知道怎么优雅离去，好好说句“Good bye”。或许，好聚好散本来就不是一件容易的事吧。

我曾经也是这样的人，我是一个不知道如何“离开”、不知道如何说再见的人。即使感情已经出问题，即使已经不爱对方了，即使我知道他劈腿了，即使在当下已经不得不分手了，我仍然开不了口，不知道如何开口说出那一句：“我们分手吧!”

但是回想过去，难免会后悔其实在当初某些时间点就应该分手离去，对两个人更好，这样分手也不会难堪。但是，人往往都是拖着，等到不得不开口了，才用最难堪的方式分开。“好聚”很容易，“好散”却需要更大的智慧。

我们总觉得“开口说分手的人”需要承担比较多的包袱和异议，我们总是认为“主动离去”的人一定是对感情不忠诚、一定是辜负对方的人，也一定是伤害别人比较深的家伙；但是，不开口说分手只是为了不想当坏人，就真的是对对方比较好，就真的是好人吗?

我不认为。

如果你明知道你不能再和对方走下去，你们没有共同的未来，你从来不打算跟对方有未来，甚至，你会拖累他、耽误他的现在及未来，那么，你能越早离开他，越是一种仁慈。

爱情不是拿来绑架对方的工具，也不是你拿来绑架自己的理由。

那些满口说着多爱你的人，却往往伤害你最深。

那些永远对爱不满足的人，他们真的很爱你，但是他们需要的爱不只有你。那些不让你离去的人，往往不是多爱你，而是他们不想失去你。那些不愿离开你的人，不是他爱你有多深，只是他们爱自己更多。他们不敢承担任何“失去”的风险，所以他们宁可把所有可能的爱都抱在身边。

而你真的相信，那些爱，真的值得你花那么多的时间等待？直到有一天你失去了，你才知道你从不曾真正拥有过。他只是，不敢跟你开口。

有个刚分手的朋友听了这些故事，很庆幸地说：“还好他先跟我提分手。因为，他若不跟我提，我也开不了口。”

原来，我们要感谢那些愿意先开口说分手的人。爱情里没有绝对的对错与好人坏人，有时候，我们反而更需要的是“不愿当好人的勇气”。

因为有一天，你会谢谢过去的他辜负了你、离开了你，你现在才能这么幸福快乐。

最后讲到分手，因为不管你遇到多糟糕的人，如果不敢提分手、不敢开口、没有勇气离开，你还是会一直跟一个不对的人浪费你的人生。

当然，我们人生中往往也要感谢那些“不对的人”，那是必要的经历，让我们在爱情里不断学习、成长，去发掘我们真正需要的。但是，经历了那些不愉快的过程后，就要勇敢离开，往自己人生的下一步迈进，而不是一直停滞不前，不断地犯着同样的错误，继续在错误中误了自己的一生。

我们应该感谢那些人，如果他没有伤害你，你今天不会这么坚强勇敢，之后也不会遇到真正对你好的另一半。感谢他离开了你，即使那样的过程令你伤痛不已，但请相信这是对你最好的结局。如果他不离开你，你无法离开他，你们还是一样瞎耗着时间不快乐，你只是延长了自己“鬼遮眼”的时间。

勇敢开口说分手，不要害怕自己成了“坏人”，而变成对自己最坏的人。

请千万不要爱上一个“无法说不”、不懂拒绝、不懂割舍，只想当一个对每个人都好的男人。如果他想当好人好事代表，想要替女性服务，就让他去吧！我们无法花那么多时间去教育一个男人这些做人处事、尊重女友的基本道理。

如果他总是无法拒绝，至少，我们可以拒绝他！

# Part 6

# 存款簿比男人可靠，女人一定要有钱！

找到饭票，说不定会跳票，
拥有自己的饭票，才是最有保障的事。
男人可以越老越有身价，
女人只要努力投资自己，也可以越老越有身价！
女人要有钱，败犬更一定要有钱！

## 败犬一定要有钱！

过去的女人一生的成败可能就是嫁得好不好，不只要找到好老公，也一定要找到好饭票才是保障。但现在不一样了，找到饭票不一定可以养你一辈子，更多饭票还会不小心跳票。

日前当红偶像剧《败犬女王》播出后，引起台湾各处热烈讨论“败犬”的话题……

这个多年前在日本流行的话题现在也转移到了台湾。许多人看到我都说：“败犬女王好像是你哦！”没想到“女王”这词受欢迎，我也与有荣焉。老实说我并没有看这部戏，随着大家热烈讨论，我也渐渐知道剧情故事。没想到剧中也探讨起姐弟恋，于是姐弟恋和败犬，成了现在流行与讨论的话题，我也常被问到身为一位标准败犬的心情体会。

还记得大约两年前我第一次看到《败犬的远吠》这本日文翻译书，那时看到把未婚的女生称为败犬，已婚的女生称为胜犬，我还气愤不已。随着自己的成长，过了两年后我也从二十几岁的女生迈向了3字头的熟女，回头看到败犬这个名词，反而有另一种不同的看法。现在一点也不会因为未婚被称为败犬而生气，反而很开心地想大声说："我是败犬!"

我想每个女生都曾在二十几岁时做着结婚梦，希望自己不要太晚婚或嫁不出去，于是期许自己在多少岁以前结婚成了巨大的压力。我曾经也有这种"想婚"的经历，但是到了30岁，想法变得不一样了，身边的朋友陆陆续续结婚，喜酒吃不完、红包包不完，看看别人的婚姻生活，我突然觉得其实单身的生活也很不错。

过去的女人一生的成败可能就是嫁得好不好，不只要找到好老公，也一定要找到好饭票才是保障。但现在不一样了，现在的外遇、离婚率高，结了婚不代表能保障一辈子的幸福，大多数女人婚后也要继续工作，找到饭票不一定可以养你一辈子，更多饭票还会不小心跳票。

所以女人宁可自己有钱、有工作，还一定要会理财，才能确保后半辈子无忧无虑。找到饭票，不如拥有自己的饭票。

现在的女人乐于工作，事业上有成就，比起过去更独立自主，晚婚的女人越来越多。前阵子看到30～35岁未婚女性占了42%的统计，了解到不一定要结婚也能过得自在快乐的女人也不少；但是最重要的一点就是，败犬要有自信，要过得开心，且一定要有钱。

我觉得，女人越有钱，越不用靠男人，对婚姻的依赖性也就会降低，自主性与自由意识也会变高。以前的女人听到男人说“你不用工作，嫁给我，让我养你吧!”会很开心；现在的女人反而会担心男人养不养得起自己。对于婚姻和金钱上的不安全感，让许多女人宁可单身自己赚钱自己花，也不一定要急着踏入婚姻。

败犬要有钱，因为女人有钱才可以拥有自己的房子、车子，可以出国旅游、购物犒赏自己，花钱美容保养自己，可以常和朋友聚餐、扩展自己的生活圈，可以充电进修、投资自己，可以拥有很多自己的时间，也拥有自己可以规划使用的金钱，败犬在这一点上其实享有很大的福利。

我认识许多优秀的败犬，她们不只漂亮又会赚钱，也很懂得投资、理财。现在的女生知道要好好管理自己的钱，懂得学习、充实相关知识。我参加许多理财的讲座和课程，发现在场的女生有时比男生还多。女人有钱、有事业，会管理自己的钱，这种女人往往活得比较有自信。

败犬不代表就不会步入婚姻，只是乐于当败犬的女生更希望能在婚姻之外找到更多实现自己价值的事。女人不一定要依靠婚姻才能让人生完整，而是让自己成为一个更完整的人。

当一个“优质败犬”，才能遇到更优质的对象，未来才能当一个名副其实的“胜犬”。

现在的我，很乐于享受我的败犬生活，我努力工作、认真生活、用力玩乐，把我想做的事、想完成的梦想都努力趁现在未婚的时候完成。我谈恋爱，但是我不希望现在就要结婚，因为我很快乐，也很享受现在的人生。

我不认为婚姻就是爱情的终点或幸福的证书，我也不认同女人的价值只是在已婚、未婚上，女人的价值应该是属于自己的，自己创造的。不管已婚还是未婚，女人都要有属于自己的钱以及懂得管理自己的钱。

找到饭票，说不定会跳票，拥有自己的饭票，才是最有保障的事。

男人可以越老越有身价，为何我们女人不能让自己越老越正、越老越聪明、越老越有身价呢?！只要努力投资自己，败犬也可以越老越有身价！

女人要有钱，败犬更要有钱！

# 男人不能穷，女人不能有钱？

《有钱人想的和你不一样》一书作者 T. Harv Eker 写道：“讨厌有钱人的人，绝对不可能变成有钱人，因为他不可能成为他讨厌的那一种人。”

我有个女性朋友告诉我她的男友跟她为了钱的事情吵架。

我们很好奇地问了是什么情况，她说，有一次不小心跟男友聊到自己的薪水，男友居然大发雷霆：“原来你赚这么多，那么我就不用请你吃饭了。”我朋友听了哑口无言。于是，那个晚上，她负气地付了两人晚餐的钱。

原来，她男友一直不知道自己的女友赚的薪水比自己高，他一时不能接受，一直以为自己赚得比较多，但是，女友忍着不跟他讲自己的薪水，只是怕男友的自尊心受伤。一说到男女朋友薪水的话题，朋友七嘴八舌地讨论起来。

A说："女人本来就不应该让男友知道自己的真正收入，就算赚多也要报少，这样男人才会照顾你。更何况，哪个男人可以接受自己的女友比他能力强、会赚钱?"

B说："可是这样很奇怪，如果我们明明有能力赚钱，为什么还要为了男人的面子假装自己需要他的钱或需要他帮我们付钱?"

C说："毕竟男人都有一种害怕被当做吃软饭的心态，而且他们又喜欢装阔，他们怕别人觉得自己穷，又怕女友觉得自己不罩。而且男人很奇怪，他们付不起、请不起都无所谓，但是女友花自己的钱他们又爱管东管西。钱是我赚的，我想买什么东西他凭什么管？他只是觉得我的消费能力超过他的水平，他怕负担不起，但从头到尾我都没有要他负担啊!"

D说："这年头有钱的女生很辛苦。我要找到比我有钱的男人不容易，但是真的爱上了比我穷的男人，我情愿在他身上投资、在他的工作和生活上助一臂之力。但他们最后往往留下一句'我配不上你'就离开，然后找一个更需要他接济的女人在一起。"

E说："所以我绝对不会让我男友知道我的薪水收入有多少。我以前就交过一个男友，一开始他不知道我的收入时都会买礼物给我，某天不小心让他知道我赚的不比他少，他就不再买礼物给我了，因为他觉得我也消费得起。你看有多闷!"

我不懂，除了真的吃软饭的男人之外，难道没有一个男人真心欣赏有钱的女人而不会觉得有损自己的自信心吗？如果有一天女人的优秀变成了自己的包袱，我很想知道，到底是男人还在原地踏步，还是女人进步太快？为什么很多优秀的、有钱的女人必须要试着隐藏自己的能力，才能获得爱情？为什么许多男人不会真心替女友的成就骄傲，他们只在乎女人的光芒会不会盖住自己，而不是真心地愿意分享她的成就？

我问了几个男性朋友："如果你的女友工作能力比你强，比你会赚钱，甚至她是名女人、比你受欢迎、比你有成就、比你有钱，你会怎么想？"

他们都说："这种女人我会非常欣赏，能跟这样的女人在一起一定很开心、很骄傲。但是，我会有压力……"

"什么压力？"

"那是一种怕自己比她差的压力。"

我不懂，为什么男人怕比女友差，却没几个女人怕男友比自己强，难道男强女弱永远是天经地义的吗？但是如果现在的女生更有能力照顾自己的生活，甚至能照顾男友的生活，那岂不是很美好的事？

就像我朋友曾语重心长地说："唉，这年头，男人不能穷，女人也不能太有钱。"

我听了很替有钱的女人感到不平。有钱的男人在这个社会总是最吃香的，过去的他们可以三妻四妾，可以名正言顺地去风流场所风花雪月，如果不顾家也可以说是为了事业冲刺，他身边可以理所当然地有许多为了钱接近他的女人，当然包括年纪可以当他女儿的女人。大家都会说，这就是社会的常态，有钱不是他的错。

但是，一旦有钱的女人婚姻不美满、为了事业冲刺没顾到家、也没去风流场所不过只是跟朋友出去小酌、没有劈腿成性也不过多谈几场恋爱交过几个男朋友，身边理所当然也会有不少为了她的钱接近她的男人，当然也包括年纪可以当她儿子的男人。如果更不巧的是她年纪大又未婚，大家却会笑说，你看，女人有钱不代表她就能幸福快乐。

但是，到底谁才是真的幸福，谁才是真的快乐?

如果一个女人必须要装穷才能幸福，一个女人必须花男人的钱才会快乐，那么我认为无论她能花的钱有多少，她也是真正贫穷的人。

而一个男人如果格局小到只能接受你比他差，那么，我不觉得这个男人是真正的富有，而且能永远富裕。

若为了格局小的男人把自己的眼界、世界都变小，那才是最笨的女人。

如同《有钱人想的和你不一样》一书作者 T. Harv Eker 写道："讨厌有钱人的人，绝对不可能变成有钱人，因为他不可能成为他讨厌的那一种人。"

那么，讨厌有钱女人的男人，也绝对不可能变成有钱人，因为，他也不可能喜欢上他讨厌的那一种人。

# 我不是千金小姐

这年头，不止女人要找金龟婿，男人也要挑金矿女。

翻开报纸杂志，现在最红的不再是明星艺人，而是某某千金。

就像我们总是搞不懂那些自称小开的到底在开什么，甚至有个玩笑说："只要家里有营利事业登记证就可以称之为小开。"那么千金女，就是小开之后最新流行的偶像团体。

这年头，千金大小姐很受欢迎。

跟男生朋友聊天，他说身边小开朋友总是努力介绍、撮合女生给他认识，那些女生都是某某某的女儿、某上市公司老板的千金、某政治人物的女儿、某企业家第二代……而身边长辈总是以某女生家世条件很好来替他安排相亲，当然，相亲对象也不外乎是以上这些："只知道她爸妈是谁，但是她叫什么名字一点也不重要的女生。”他说，他的朋友，交男女朋友都是以门当户对为前提。

我问：“既然某某某的女儿条件这么好，不只少奋斗30年，要少奋斗三辈子都没问题。为什么他不留着自己用，还要介绍给你?”

“大概是长得不好看吧。”男生朋友诚实地说。

这让我想起一个故事，有个男生朋友交往了一位某企业家的第二代，虽然他们很相爱，女生也为了男生开始吃路边摊、不穿名牌套装，他工作上也很争气，在电子公司当业务主管年薪最少也有几百万，但是后来女友在家庭压力下与他分手，嫁给一个月收入几百万的田桥仔。

有个女生爱上了有钱有势大家庭的男友，男友的妈妈要求他非家里有钱的、非台大毕业的女生不许娶。后来这个女生发愤图强考上台大研究所，他妈妈虽然试着接受她，可是私底下安排介绍学历不高但家里有钱的女生给他儿子认识，女生难过地问："你妈不是说学历很重要吗?”原来这是误会一场，他妈并没有真的把学历看得很重要。

另一个男生朋友，总是跟我抱怨他常被安排吃不完的相亲饭局，不是谁要介绍哪个大小姐给他认识，就是谁要介绍政治人物的女儿给他认识，加上他本身条件也很好，所以总是推不掉那些数不清的饭局，甚至可以一天吃两顿相亲饭。他老是抱怨那些大小姐他没一个看得上眼。

有一天，他好久没跟我见面，但因为他饭局排得太满，所以我们只能约午餐前在麦当劳吃我最喜欢的早餐，他边吃着汉堡边叹气：“女王对不起，这是我最近跟女生约会吃得最便宜的一餐，希望你不要嫌弃。”

“不好意思，我不是在跟你约会。而且，我本来就很喜欢吃麦当劳早餐。”我白了他一眼，然后大咧咧地伸了伸懒腰，继续翻我的《苹果日报》。

他说：“女王，我是说真的。我好久没有这么自在随意吃饭又不用一直想话题、怕女生不尽兴，我也不用明知道对方装淑女，还要配合演绅士。更不用怕不礼貌点太多菜、吃太多，只是因为那些女生永远吃得比小鸟还少。”说完，他塞下半个汉堡，露出如同参加完饥饿三十人道救援行动后的饥渴表情。

我同情地看着他，原来，相亲达人也有疲惫的一天。他说，他不能选择他的人生，他可以吃快餐店，但他不能跟平民料理结婚。当然，他永远都不可能有自在的人生。

这年头，不止女人要找金龟婿，男人也要挑金矿女。

翻开报纸杂志，现在最红的不再是明星艺人，而是某某千金。就像我们总是搞不懂那些自称小开的到底在开什么，甚至有个玩笑说：“只要家里有营利事业登记证就可以称之为小开。”那么千金女，就是小开之后最新流行的偶像团体，而且，更加赏心悦目。

当然，有许多优秀又努力的千金女令人欣赏。但是，大部分我们所听到的那些谁的女儿、谁的儿子，都没有人记得他们的名字。他们总是说：“我介绍某某某的小孩给你、某某企业的第二代给你……”但是除了某某某，没有人管她是谁！

就算他们一辈子只是 nobody，那也无妨，她们结婚前是某某某的女儿，结婚后是某某某的老婆，就算她的老公有了小老婆，她死不离婚的原因，只是因为如果她不是某某某的夫人，就没有人知道她是哪个人。

她没有名字，她只想当某某某的女儿以及某某某的老婆。

有些人总是喜欢自我介绍“谁谁谁是我爸”“我是哪个企业小开”，我非常讨厌这种人，我今天是认识你，不是要认识你爸，也不是想认识你家企业，更不是因为你爸或你家是什么，就会爱上你。

或许这种男人觉得自己很吃香，就像我听到一个女生哭诉男友跟她分手时说了一句很难听的话：“我觉得你只是爱上我的钱，像你这种女生，我随便都可以认识好几个。”

呸！那你就去多认识几个爱上你钱的女生。

至于那些永远只看得到钱，又很怕别人看上他的钱的势利鬼，我会这样告诉他：“很抱歉，我不是谁的女儿，不是谁家千金、更不是谁家公主……但至少我不是一个没有了钱，就什么也不是的女人。”

很多人想当千金公主，如果你没有那个命也不用气馁。至少我们拥有了许多千金所不能拥有的东西。我们可以运用自己的能力做自己想做的事，找到一个我们自己想爱的对象。

不用羡慕那些天生好命的人，天生好命是运气，能让自己变得好命是后天的福气。

# 男友给的零用钱

有一次去上一个谈话节目，主持人问全场的女性："如果你的男友愿意给你每个月 20 万元，只要你不工作待在家，愿意的请举手!"没想到，全场只有我没有举手。

前一阵子，有一个久未谋面的女性朋友约我一起去逛街……

自从她交了新男友，整个人变得更美，也更懂得打扮，那天她兴奋地拉着我逛了好几家名牌精品专柜，试了很多件衣服，也看上了很多配件，但当我在刷卡结账的时候，她却把刚刚挑中的衣服都交给专柜小姐，跟她说："请帮我保留，我过两天再过来结账。"

我好奇地问她："你是不是忘了带信用卡，还是你根本就不打算买?"

她在离开店家的时候偷偷跟我说："不是啦，这周末我再带我男友来买就好了？""什么意思？"我一头雾水。

"我逛街的时候看到喜欢的东西，我男友都会买给我！难道你跟男友逛街他不会自动帮你买单吗？"她用天真无邪又理所当然的神情对我丢了个问号。

"不会啊，我想买的东西还是我自己付钱啊。"那是我自己要买的东西，又不是他的。

"可是这又没多少钱！"

"既然没多少钱，为何要男友帮我付钱？"

"既然没多少钱，为何男友不能帮你付钱？"

我们两个很有默契地几乎同时讲了这两句话，然后相视大笑……原来，我们两个有不一样的想法：既然没多少钱，要或不要男友帮我付钱。

后来我才知道，原来她男友固定每个月给她零用钱，一开始是因为她失业，后来她有了工作也不间断，所以她一直认为男友支持她的生活所需和开销是理所当然的。甚至她想去学开车、学跳舞、计划出国游学，这些费用都是男友帮她出的。我除了张大嘴巴瞪大眼睛地感叹"难道她才是地球人，其实我是火星人"之外，也开始怀疑这到底是我的问题还是她的问题。

记得前阵子去上一个谈话节目，主持人设定了一个问题问全场女性来宾："如果你的男友愿意每个月给你 20 万元，只要你不工作待在家，愿意的请举手！"没想到，全场的女生只有我没举手。

她们很开心地说："一个月有 20 万元太好了！""我上班也

赚不到20万元，不如待在家，反正我本来就不想工作。”“有钱拿，我何必去工作?”……可是我心里却想着：“要我什么都不做去领这个钱，我可能会因为人生太过无趣而得忧郁症！20万元就想把我绑在家里？我真的没这种米虫的好命。”

于是，我发现，不止我是火星人不是地球人……而是这个世界上有很多女人，她们愿意拿男人给的钱，愿意放弃原本的生活、事业、理想去陪伴一个男人，她们的世界只有男友，即使没朋友也无所谓，她们希望一辈子都躲在男友的羽翼下，她们觉得这真是全天下最幸福的一件事！

我真的很想知道：“如果有一天你的男友跑了，没有人愿意给你零用钱了，你该怎么办?”

我也听过有些朋友的例子，真的有许多男人是会拿钱给女友用的，有出钱给女友出国玩的，有帮女友付卡债的，有资助女友出国念书的，甚至有一个月会给女友几万块零用钱的。

我的观念是，男女朋友交往，请客、送礼都很正常，但是直接拿钱我真的觉得不妥。第一，两人又没有结婚，名不正言不顺，我一定会联想到“包养”。如果只是正常的男女交往，男友去“养”女友似乎有点越界。第二，这样的金钱关系会不会让很多女生误以为男女交往中男生必须要负担所有费用。难道大家不会害怕拿人手短，将来你们闹得不愉快了，他不再给你金钱援助，甚至要你还给他、跟你翻脸，你该怎么办?

或许是我想太多了，也或许是我太有志气了一点。我朋友总笑说像我这样“自以为有志气”的女生就会过得比较辛苦。

是啊，我不会要男人给我钱花，我还常常与他一起分担费用，我自己出得起的钱、买得起的东西，我从来也没想过跟男人开口要过。当然人都会贪心的，如果有不劳而获的钱为何不拿？但是说真的，要我拿男人给的钱去买东西，和用我自己的钱去买，那感受真的不一样。我喜欢用我自己赚的钱去购物，因为我很开心我有能力负担我的开销，我有能力享受我的生活。

于是很多朋友都笑说："你就是天生劳碌命！"劳碌命又怎样？我的工作成就和忙碌生活也让我更有自信，每个人都说我事业越旺越漂亮，我相信那样的自信是给我多少钱也换不到的。

我认为，有本事赚到20万元的女人，绝对比向男人要到20万元的女人还美丽。

我愿意与我爱的人分享我的一切，我能够付出，不是因为经济上富足，而是因为我的心灵很富有！当然我相信每个人都有不同的命，不用去羡慕别人，与其希望拿到男人给你的钱，不如期许自己也有赚到那笔钱的能力，那才是你自己真正拥有、不会跑掉、不需要倚赖他人、属于你一生的宝藏。我相信金钱可以买到太多东西，甚至太多快乐，但是你拥有能让自己变快乐的能力，是来自你自己，而不是别人，那是你自己得来的，而不是男人给你的。

我常不讳言自己跟交往过的男友说："我很爱钱，但是我爱自己的钱更胜过你的钱！"因为我舍得我的钱，舍不得你的钱。

女人要有钱，第一件事就是不要拿男友的钱！

# 豪门媳妇真幸福?

如果给我爱玛仕包包、两克拉钻戒和随时来接送的黑头车，我真的会过得比较快乐吗?

嫁入豪门，不如嫁给好门。女人嫁得好，是好命，是真的幸福，但我更希望在嫁得好之外，我能努力让自己过得好!

媒体最喜欢报道“嫁入豪门”的新闻，许多女生更以嫁入豪门当做自己的梦想。但，首先，我必须要说，“豪门”这两个字的光环真是害死不少人。

第一，有这光环的豪门未必很“豪”，不过，倒是可以骗倒不少人。

第二，有这光环加持的人未必过得比一般人开心，甚至他们唯一值得开心的只是那个光环。

第三，豪门不等于“好门”，现在很流行的是：“与其嫁入豪门，不如嫁给好门。”

第四，最惨的是，就算你只有豪门之名而没有豪门之实，你还是要打肿脸充胖子。最后，除了豪门光环之外没有其他长才的人，通常觉得别人都是配不上他的下等人。

虽然，许多人想嫁入豪门，媒体总是报道谁是豪门。但是，我最钦佩的一位靠自己事业有成的有钱女艺人，媒体问她：“你想不想嫁入豪门?”

她回答：“为什么要嫁入豪门？我自己就是豪门!”

好强！我超欣赏她。

不过呢，现实世界还是很多人羡慕那些嫁入豪门的女生，连报纸杂志随时都会更新最新名媛新面孔、最新豪门媳妇情报。我那嫁入豪门的朋友也成为许多人欣羡的对象，每次出门除了闪亮亮的钻戒重到手指都抬不起来，全身行头每次都让大家玩起估价游戏，每个人都说她命好，平凡上班族瞬间变成大家口中的贵妇。

说真的我也因为太忙碌，很久没跟她碰面，前阵子这位“嫁入豪门”的朋友找我出来喝东西聊聊天，跟我说了很多豪门媳妇背后的故事……

一到餐厅坐下来，她说：“看到你真开心，我终于可以说实话了。我已经受不了每天故作姿态讲一堆社交话的日子，突然好怀念可以在朋友面前骂脏话讲真话的日子！名媛果然是一条很难的路线。”

“不会啦！你看你现在也过得不错啊，拜托外面有多少人羡慕你啊，人不要不知足了啦！”

“哎哟，我真的是结婚后才知道原来婚姻生活跟我想的不一样啊！我跟他交往才三个月就结婚，当时什么都很美好啊！每个人都说嫁给他有多好，刚好我工作也很累遇到瓶颈，想到可以辞掉工作有人养我多好，看到钻戒眼泪都飙出来了，就这样答应了求婚。”

“不过，你男友……哦不！你老公也真的对你很好啊！他很爱你的，不要不知足啦！”我推了她一把。

“我很知足啊，老公有钱对我又好，我没什么好说嘴的。只是进了他家门才知道什么叫做豪门深似海啊，那时候他要我把工作辞掉跟他结婚，我多开心，毕竟这也是许多女生的梦想啊。可是现在结婚半年后我又好想出来工作。”

“为什么?”

“你知道吗？赚钱虽然辛苦，但是有自己的钱感觉就是不一样。对啊，我老公很好会给我零用钱，但是我不敢乱花，怕他家人觉得我太奢侈。以前工作辛苦归辛苦，我高兴的时候去刷一个包包，就算这个月只能吃泡面我也爽，至少钱是自己的，负债也是自己的。”

“那你现在不是也有很多名牌吗？你看，这个、这个……”我比一比她手上的手表、身上的包包。

“哎哟，这都是拿出来充场面的啦。你以为名媛真的都花钱很凶吗？并不是耶，像是那个很有名的名媛，她买名牌包都是用娘家的钱，不是老公的钱哦！”

“真的还是假的！”

“不过，我婆婆又说什么公关公司的工作不是好工作，又要加班又要一天到晚办活动，不是朝九晚五的稳定工作。天晓得我要怎么跟她解释什么是‘公关’啊？算了，反正她一辈子也没工作过，不知道什么叫做加班，为什么要做没有自由的工作。所以我又不能回公关公司上班了，反正他们家的人说，女人不用出去抛头露面工作，好好待在家里或帮老公工作就好，何必太有企图心，不然又要被说不顾家之类的……”

“也是有很多名媛在工作的啊！”

“哈，你觉得那真的是工作吗？当空降部队不是真的工作，做慈善公益也不是真的工作啦！所以我现在只好跟创业的老公一起工作，每天一起去上班，不然没生小孩也没正当理由待在家里。”

“那很好啊！这也是一个工作嘛！”

“但是又没有薪水可以领。而且我老公说怕人家以为少奶奶就可以迟到，所以我每天八点前要到公司。说真的我去了也不知道能做什么，只有中午陪老公应酬。真的很怀念以前在公关公司的日子，虽然操劳得要死，很想骂脏话，但至少工作很有成就感，而且知道自己在做什么。唉，不过唯一的好处就是不用加班啦，我老公说我每天五点一定要下班回家陪公婆吃饭，而且还要跟佣人学煮饭，陪公婆吃完还要陪我婆婆看八点档乡土剧。最不爽的就是我老公可以去应酬跟朋友吃饭，我就要回家陪公婆。难得我要跟朋友约还要上签呈，唉！好怀念以前的单身时光啊！”

“是哦，不过你公婆也很疼你啊！你们家也没啥婆媳问题啊！”

“拜托，我是做公关的，搞定老人家比搞定那些国际精品客户容易多了，反正看乡土剧也是我的嗜好嘛！不过我好希望可以搬出来住，我老公又说他是独子不能搬出来。想当初他要追我的时候还骗我说，搬出来住没问题！你知道我现在每天在家都不能走宅女路线，七点起床下楼吃早餐就要穿戴整齐，超想念以前头上夹着鲨鱼夹、不穿内衣只穿睡衣的宅女生活……”

“不过看来你只要认命一点，其实还是很幸福的吧！你老公给你的零用钱也不少，你看你这个爱玛仕包包我可是工作了那么久还买不起耶！”我又用了“人要知足”这四个字来敲醒她。

“唉，还是拿人手短啊，我现在也没办法给我爸妈钱，因为我不好意思跟我老公要钱养我父母。女王，你真的要写文章告诉年轻女生，婚前一定要记得存钱。很多女生跟我一样，只是把工作当做毕业后、结婚前的过渡阶段，从没有认真工作也没企图心，更别说存钱理财。我以前赚的钱全都拿去买名牌，只想着找到好老公有人养。结果呢，现在没有存款，只能偷偷从他给的零用钱里存私房钱，想买什么贵的东西都要问他；连我想跟朋友去香港三天两夜，也要跟他请款。唉！好怀念以前虽然赚钱不多但是至少可以随意花的日子。而且老实说，他也是领他爸的薪水，我要跟他请款，他还要跟他爸请款，很多有钱人都是这样生活的。”

“所以我觉得一个男人有能力比家境好重要耶！难道要一辈子请款过日子吗？而且，没有能力工作只能靠家里庇荫的人，如果哪天他家卷入什么案子，一下子钱没了，不幸还要坐牢，或者他没能力独自在社会上生存，那不是太没有保障了吗？”我真是个务实的摩羯座。

"唉，你说得没错啊！不过要是有能力或家境好的男生二选一，我想大部分的女生还是会挑家境好的吧，至少也少奋斗20年啊！"

"难怪这就是豪门受欢迎的原因。对了！你有打算生小孩吗？"

"不要提了，我结婚到现在半年了，每天都有人问我一样的问题，每个月都要被他家人关心我的肚皮，谁叫他是独子。从我结婚那一天起，我公婆就一直耳提面命要抱孙、要传宗接代，而且最好第一胎就是男婴。更惨的是，我只要跟我老公那群已婚朋友出去吃饭，他们的老婆就会带一堆小孩来，然后一直聊小孩。但老实说，我对男人讨论的时事话题还比较有兴趣！"

"没办法，你要习惯！有钱人都很爱生小孩的。"

"真的耶，而且他们还误以为我跟我老公是奉子成婚，因为一堆嫁入豪门的都是走这个路线。拜托！我的小腹看起来很大吗？而且，他们老婆也纷纷跑来关心我什么时候要生，还教我要怎样才能生男的，讲来讲去我觉得我在这个家庭只剩下生产价值，其实我比较喜欢女儿啊！为什么一定要先生儿子！"

"没办法啦，你要是生女儿，他们一定要你生到儿子为止。"

"唉，你知道吗？当初我结婚是为了逃避工作，害怕自己变成败犬。好啦！对不起，我不是故意这么讲啦！但是没想到结婚后，跟我想的不一样。人家都说嫁入豪门多幸福、多幸福，我却每天都梦到生儿子、生儿子。人家都说老公养你多好命，但是我却觉得有自己的钱该有多好。我现在也不能做我想做的工作，想买什么贵重东西都要问老公，每天换不同包包又怕公婆觉得我奢侈，但那明明就是我自己以前买的。连跟姊妹去时尚派对看一下，也要被念这样太高调……”

“喂，拜托！你不要不知足了啦！你老公很爱你，你公婆也疼你，你看，你出门还有司机开黑头车接送，你还有什么好抱怨的，你又不像我们还要自己赚钱，每天搭捷运公交车小黄！”

“你以为有司机很好啊，司机是要掌握我每天的行踪啦，我去了哪里他都知道。”

“是哦……不过你已经算很好命了啊！除去豪门的包袱外，你老公也对你很好、很爱你，这才是最重要的！为了他，你就只好忍耐一下啰……”

“好啦！今天跟你抱怨完，我的心情真是非常舒爽，我要先离开赶去下一个地方了……”

“你要去哪儿？”

“去中医诊所看那个很有名的医师，去调养身体生儿子啊！”

“好啦，这摊我请，你先去生儿子吧！”

“那你下星期有空吗？”

“我要去曼谷耶，一个人去，好期待！”

“唉！我也好想去，算了，我们人妻没有说走就走的命，呜呜……”

“没办法，戴两克拉的钻戒总是要付出点什么代价的嘛！”

她拿着爱玛仕包包，戴着钻戒的手指在我面前挥了挥，跳上了门口的黑头车。我坐在位子上，微笑着看她离去。说实话，有些时候，我也跟一般的女人一样很羡慕这样的生活，衣食无忧、可以不用那么辛苦地工作生活，而且还有疼爱自己的老公，但是，我今天才了解，每个人都有每个人的辛苦，即使我们总是看不到。

之前的我，总是不知足，而许多人也和我一样，明明拥有了许多，却总是不知足地羡慕别人所拥有的。但是，如果给我爱玛仕包包、两克拉的钻戒和随时可以接送的黑头车，我真的会过得比较快乐吗？

对我来说，或许可以买一张机票、一个人说走就走的旅行，背着在五分埔买的包包，穿着夹脚拖，即使在路边吃着一碗30元的汤面，我都觉得好快乐。

如果我爱上一个男人，即使我要靠自己买名牌、买钻戒，要我当他的司机，我都甘之如饴。因为爱，让人懂得知足。因为你懂得，你拥有的是无法交换、金钱买不到的东西。

我也深深认同，女人嫁得好，是好命，是真的幸福。但我更希望在“嫁得好”之外，我能努力地让自己“过得好”；如果不幸有一天我嫁得不好，至少我还是能努力让自己过得好。与其把幸福寄托在别人身上，我倒希望自己有让自己快乐的能力！

我的朋友耳提面命：“女王，你一定要跟你的读者说，女人要嫁的不是豪门，而是好门。还有，女人一定要有钱，一定要存钱，一定要有自己的钱！”

嫁入豪门，不如嫁给好门。

喜欢豪门，不如让自己成为豪门。捧着别人的饭碗，不如拥有自己的饭碗。

我希望有一天可以听到更多的女人大声说：“为什么要嫁入豪门？我就是豪门！”

## 贵妇病

童话故事告诉你“麻雀变凤凰”，可惜这只是童话故事，现实世界里王子只会和公主结婚，麻雀还是麻雀，凤凰还是凤凰。

这年头很多女生都得了一种病，她们整天幻想成为贵妇，误认为自己可以变成贵妇，可称之为新时代的疾病新名词“贵妇病”。

如果你问这些女生：“什么是贵妇?”她们会告诉你，贵妇就是结了婚什么事情都不用做，不用上班赚钱做家事，每天睡到自然醒，每周固定去洗头 SPA 按摩打牌，没事到处喝下午茶去高级餐厅吃饭。生活中最重要的事就是逛街和买名牌，出门有司机接送、佣人提东西、保姆带小孩。每天最大的烦恼就是还有什么东西没买到，还有什么钱没花到，还有什么别人有的我没抢到……

于是，你在念书的时候会看到有贵妇病的女生打工还负债刷卡、去酒店上班只为买名牌包，全身名牌而且只跟懂名牌的同学做朋友，她们交男友也只挑开名牌车的男生，没车免谈，她们没空跟你坐公交车谈恋爱。

你出社会发现那些贵妇病的女生不管做什么工作，只要辛苦一点就觉得委屈，她们觉得自己是灰姑娘，有一天一定会有一个天上掉下来的小开用钞票来拯救她的人生。

她们每天都会看八卦报纸杂志的名人版，她们对每个名媛如数家珍，名媛就是她的偶像，她 copy 她们的穿着打扮，买一样的包包、化一样的妆；她们觉得只要模仿名媛，有一天她也可以成为展示衣服包包鞋子价格条形码的下一位名媛。

她们的最爱是小开，不管你开什么，只要大家说那个人是小开，她们就问哪天有空一起吃饭。她们瞧不起没有钱的男人，更确切地说，她们也瞧不起没有显赫家世、有钱爹娘的男人。她们会跟穷男友分手，只是因为新男友可以送她 GUCCI 包。

她们的口头禅就是："我真的很像贵妇！""有谁比我像贵妇！"她们认真地以为用名牌把自己装扮得像贵妇，就可以像到骨子里。但其实只有她身上的名牌很贵，而不是她看起来是贵妇。她们长得或许很正点，化起妆像孙芸芸，穿起衣服像蔡依林，可惜她们跟这些美女还有很大的距离。

她们最大的梦想就是麻雀变凤凰。这些有贵妇病的女生通常不是天生有钱人家的千金大小姐，她们埋怨上帝为什么那么不公平没让她生对人家，除了单身的小开之外，她们内心对任何有钱人充满敌意。她们没有钱，因为她们不会赚钱又太会花钱。甚至她们觉得自己不必有钱、不必会赚钱，更不需要存钱，因为她相信未来的老公一定会很有钱。

她们不爱工作，不爱做太辛苦的工作，因为她们觉得自己是贵妇，贵妇最好就是什么事都不用做。你问她的人生梦想，她会跟你说：“我想当个家庭主妇。”她想当家庭主妇不是因为她很爱持家、很会顾家，喜欢做家事或是多爱带小孩，她只是不想工作。所以她们心中的贵妇等于家庭主妇，而且是不用做家事的那一种。

但是，你真的以为贵妇的老公一定大方，婚姻一定幸福？可惜市面上贵妇名媛的老公，有的会包一小时要价上万的 KTV 包厢，跟别的小美眉玩亲亲；有的会在老婆怀孕的时候，开名车载 model 去夜店跳舞；有的会每周在私人招待所请一堆小牌女明星来当酒店公关玩；有了名媛加持，她们的老公身价水涨船高，这年头多的是外头的小美眉、小 model、小明星愿意一起跟你分享名媛的光环，说不定哪天也可以名媛换人当。于是，你可以常常听到她们跟你炫耀，哪里有免费的高级饭局，哪个小开正在追她，哪个男人请她吃上万的晚餐，哪些追她的人送了她名牌礼物；她觉得只要男人花越多钱在她身上，就是越爱她。她是娇娇女、小公主，地球都该绕着她旋转，男人都该绕着她打转。

你觉得真是受够了这些女人，很想敲醒她们回到现实，她们真的不美，而且横看竖看都长得跟贵妇沾不上边。就算你不会看面相，你也知道她们的气质并不是提了一个名牌包就可以改造。她们只是有时候运气好遇到有钱的男人，可惜这些男人不是有老婆有女友，就是来跟她假约会真上床。她们误以为他有钱，但最后通常发现他只是个假小开。

但是，麻雀还是努力地想成为凤凰。甚至，她们打从心里就觉得自己是凤凰，她只是怀才不遇、识人不明、遇人不淑，有一天白马王子一定会抱着她的玻璃鞋跪下来让她从灰姑娘变成真正的公主。可惜这只是童话故事，现实世界里王子只会和公主结婚，麻雀还是麻雀，凤凰还是凤凰。

但是，你身边还是充满罹患了贵妇病的女人。她们每天不断地跟身旁的人编织她的梦想。如果你批评她，她会说你嫉妒她；如果你好心劝她，她会说是你不如她。她瞧不起你，你也看不起她。

你总是说：“真想打醒那些患了贵妇病的女人！”“真是受够那些势利的女人！”

没有关系。

上帝很公平的是，大部分贵妇病严重的女人，最后不是爱上穷鬼，就是嫁给一个没有出息的男人。

# 女人愿意为爱放弃事业？

爱情里最浪漫的事，不是凡事牺牲，而是相互尊重。

如果你在考虑是否为爱放弃理想事业时，或许该想想，为何不跟一个可以支持你理想和事业的男人在一起？

过去常常听到有些女人面对职场的压力，忍不住感叹，如果有男人愿意跟她说：“请你嫁给我，把工作辞了，让我来照顾你一辈子吧！”她一定会马上答应。也常常在报纸杂志的明星采访中听到，许多女星说如果找到好老公，愿意为爱放弃名利和事业。比较起来，女人比男人更愿意为了爱情放下一切、远走天涯，甚至放弃自己努力经营的事业。老实说，我倒是没有听过任何一个男人说：“我愿意为了爱情放弃我的事业。”

因为传统观念里的男主外女主内，而让许多女人觉得为爱放弃自己的理想、牺牲自己的生活或事业本就是理所当然。而有些女人即使进入了职场却一点也不积极、没有事业心，是因为她们只把毕业后进入社会工作当做婚前的一个过渡阶段；只要结婚了，工作可以随时辞掉，所以从来没有把自己的职业生涯当做人生中最重要的一件事。甚至有的女人即使工作多年并没有存到钱，不会理财，每个月当月光族把薪水都拿去买名牌，因为她们理所当然地觉得，结婚前存钱置产、婚礼开销，甚至未来的家用本来就应该是男人的责任。

但是，为了爱情、婚姻放弃自己的理想事业，是一项很大的投资和赌注。如果能够获得幸福家庭，放弃一些也是值得的代价，那当然是最有价值的投资。可是，大多数人并不是那样幸运，甚至在现在的社会中，只靠男人的薪资就要养活一家人并不容易，许多家庭还是要靠双薪才能够生存。女人能为爱情放弃事业，并没有想象中那样的浪漫。

这让我想到《欲望城市》最后一季，Carrie 爱上了一位俄国艺术家，他希望带 Carrie 一起到巴黎生活，于是 Carrie 很兴奋地打算卖掉公寓、收拾行李为爱走天涯。她的好友 Charlotte 像一般的小女生大喊："好浪漫!"正当朋友都为她开心，可以跟男友一同去巴黎生活时，她的另一位好友 Miranda 却生气地说："你要为了他放弃你在纽约的写作事业？那你以后要靠什么生活？"难道为爱走天涯，就要放弃自己的工作、朋友和所有的生活圈，这样真的好吗？如果没有收入怎么办？但是，Carrie 很不开心，为什么自己的朋友不支持她的决定。

看到这一段，我不禁笑了，我觉得自己的个性很像 Miranda，如果是我，我不会第一个想到："哇！好浪漫！"而是先想到："我该怎么办?"许多女人很浪漫地想要为爱走天涯、为爱放弃自己的一切；但是，现实生活往往告诉我们，再爱的情侣也可能会分手、为钱反目，再美好的婚礼也有可能离婚、破裂；当初为了爱心甘情愿地牺牲，到最后却变成了不情不愿、怨恨终生。

最后，Carrie 和男友到了巴黎才发现一切并不是那么浪漫美好，甚至还花了很大的工夫才买回自己的公寓。这才知道，她是多么喜欢自己的工作，为何对方却一点也不重视它?

我也曾遇到过类似的选择，最后，我选择了事业而不是爱情。但是，我一点也不后悔，因为，我相信一位爱我的男人也应该爱我的一切，更应该尊重我的事业，而不是只会叫我放弃我的所有，以为那才叫爱、才是浪漫。

爱情里最浪漫的事，不是凡事牺牲，而是相互尊重。

如果你在考虑是否为爱放弃理想事业时，或许该想想，为何不跟一个可以支持你理想和事业的男人在一起?

或许你该放弃的，不是理想、不是事业，而是男人。

# 活到老，正到老！人生现在才开始！

相信自己可以成为一个“值得更好”的女生，
让自己成为一个“值得爱”的女生，
你就会遇到“值得”的另一半。
我曾是一颗石头，到了 30 岁后，才找到自己的光芒。
祝福我自己 30 岁以后人生开始向前走，也祝福你们！

# 你要快乐

你一直质问自己为什么不快乐，但是为什么你不能让自己快乐？你的快乐都是向别人要来的。当别人不能给你快乐了，你就会一贫如洗。

前阵子去唱歌，我的好友唱到了张惠妹的“我要快乐”，跟我说：“你记得两年前我们唱这首歌的时候，我还大哭……”

“是吗？”我不记得了。

我只知道她现在过得很好、很开心，我跟她一起笑着把这首歌唱完，在唱到“有些人离开了才不恨，不抱了才温暖，我早应该割舍……”我们两个相视而笑。那些曾经有过的不开心，就好像歌词一般，在唱着念着的过程中，一段又一段地提醒了自己，然后在嘶吼、呐喊的歌声中笑过、哭过、痛过，那些人、那些事，随着时间的流动，经过了我们的生命。我有时疑惑，为什么我们时时刻刻要提醒着自己快乐？那是因为我们多么的不快乐。

我没有跟你说的是，其实在去年年底的时候，我也常在车上放这一张 CD，每当到了“我要快乐”我就不断地回放、回放，我常常听着、唱着便偷偷地掉泪、难过地哭泣；我那时不懂的是，我们不断地告诉自己一定要快乐，但是为什么我们不能够快乐？

后来我发现，我们常误以为的快乐，其实是建立在痛苦上的快乐。更精确地说，那是因为我们从来不忍离开痛苦，所以我们不懂，为什么我们不能够真正快乐。

自从开始写作之后，我常遇到很多读者和网友跟我诉说他们不快乐的恋情。我发现，每个人都是急切地渴望、需要爱的，他们需要爱是因为他们需要被爱，他们需要有个人爱、需要有一个人爱他，需要一段恋情来证明自己是被爱的，所以他们不快乐。

因为，你的快乐都是向别人要来的。当别人不能给你快乐了，你就会一贫如洗。

你一直质问自己为什么不快乐，但是为什么你不能让自己快乐？

或者是，你宁可活在痛苦不堪的恋情中，只因为你可以在痛苦不堪中找到偶尔昙花一现的快乐；又或者是，你自作孽觉得痛并快乐地活着才真实，甚至你只是催眠自己那些痛苦将来都会幻化成幸福快乐。

你不愿离开那个不能让你快乐的人，只是因为你不甘心。你都痛苦了那么久，你更不能放弃、不能转让，你不甘心离开不是因为你多爱他，只是因为你不能离开他。更老实地说，你只是不希望他跟别人在一起，所以你不离开他。

你不甘心、你不放手、你不快乐、你离不开他，不是因为你很爱他，只是因为你不希望别人占有他。

你无法忍受他离开了你，找到他真正的幸福快乐；你无法忍受你不是他生命中最后一个女人；你无法接受别人告诉你，你不是他愿意共度一生的伴侣。你宁可一直跟他在一起，即使你知道有一天他一定会离开你。

亲爱的，虽然很痛，但是你一定要清醒。

我想起我的好友跟我说，她花了好长的时间一直跟那个无缘的男友见面，她知道不会有结果，她不敢告诉我们她和他分手后还一直在一起。她当时很痛苦，常常哭泣，怀疑自己为什么不能够幸福快乐。她说，直到有一天她决定放下了，不再跟他联络了。她认真地告诉我："一开始的时候一定很痛苦，但是过几天、过几周，甚至一个月、两个月后，我每天数着日子，我发现我撑过来了，我真的可以不要他了。没想到我真的可以做到。"现在她很快乐，她笑起来很美丽，因为她现在遇到了新的男友。我真的非常替她开心。

也有人问我，为什么我遇到失恋、挫折，还是可以这么乐观？为什么我总是看起来很快乐？其实说来简单，人生苦短，为何没事要让自己不快乐？说直接一点，快不快乐都是自找的、你自己选的。大家一样都会遇到不好的事，但为什么每个人的人生际遇不一样？那要看你是用什么态度去面对那些不快乐的事，用什么样的角度去看那些伤害你的人。

我一直觉得，我很感谢我生命中曾经伤害过我的人，没有那些人，我不会成长、坚强；没有过去的伤害，怎么会有现在的智慧与成功？有些人会一直活在怨恨中，走不出伤害，于是人生就再也不会进步。那么，你们就继续活在过去里吧，你就只能一直停在这里！

就像我常说，失恋不代表失败，一段失败的恋情常常可以让你的人生更成功，但许多人宁可选择不失败的恋情（对他们来说，分手就代表失败），却赔上了失败的人生。失恋和失败的人生，你觉得哪一个比较重要？

我真的觉得失恋没什么不好，失恋没啥好怕的，很多人因为失恋而发现自己的世界更宽更广，人生原来这么美好，世界上的帅哥美女其实不少。就像女王以前只要分手都会走大运，所以相信我，离开烂人后你的人生运势会大好；请不要再怪自己的命不好，个性决定命运，命不好都是你自己离不开烂人，上帝当然懒得祝福你。

你要感谢那些伤害你的人，他们是训练你未来可以成为更坚强、更成熟的人。那些伤害都是让你未来可能成为更棒的人。当你有了面对伤害的那些能力之后，当你成长茁壮之后，你才有“能力”在未来遇到更棒的人。

只要你去观察那些快乐、成功的人，他们不会浪费时间抱怨人生的不满、不会花时间抱怨为何上帝不平等、自己的人生为何不顺遂、为何会被伤害、为何这么倒霉、为何小人很多、为何他不快乐……因为他们懂得在任何情况下都要找到让自己快乐、进步，让自己的人生变得更好的方法。

他们拥有让自己快乐的能力，而不认为是别人要给他快乐。

亲爱的，请离开那些无法让你快乐的人，请感谢过去那些伤害，将来你可以成为更棒的人。

我真心的希望，你要快乐。

# 安全感

如果你问我，我这一辈子一直在追求的是什么，我会告诉你，我要的只是，安全感。

如果你问我，什么是人生中最重要的东西，我会回答你："安全感。"

从小到大，我一直是一个很没有安全感的女孩。我怕找不到回家的路，所以我会记得怎么坐一个多小时的车、怎么换车可以回到家。还记得小学二年级的我，手心流着汗，紧张地看着自己是不是上错了车。我很怕迷路、很怕回不了家，我走到哪儿都要记得路，所以我长大以后方向感很好、很少迷路。

从小就是钥匙儿童的我，必须面对很多父母不在身边的时刻，所以很懂得察言观色。我很怕没有钱，所以从有记忆以来就懂得存钱，而且最大的兴趣就是存钱。我很怕别人不喜欢我，所以学着要当一个人见人爱的好女孩，要有礼貌、要对每个人好、要对不喜欢我的人微笑。我不敢跟人争执吵架，因为我害怕任何人觉得我不是好人，我不敢骂人、不敢吵架，连生气都要反省自己是不是不该生气。

我努力相信世界上每个人对我都没有恶意，因为，不和平的世界让我没有安全感。

我知道，我必须要想尽办法让自己有安全感，不然，没有人可以帮我。

我谈恋爱的时候，很没有安全感。但是，我又想给对方最大的安全感。每一次我很开心的时候，我都很害怕，这可能不是真的，之后我一定会失去它。我从来不敢说我拥有什么东西，因为，我害怕一旦我拥有了，就又要失去了。我很怕对方不爱我，所以我竭尽所能地对他好，我怕，只要我对他不够好，他就会不够爱我。他们说我总是爱得太过用力，我总是说我喜欢付出胜过回报。他们说我没有当公主的命，我说情愿流着汗流着泪，再多的努力也只是为了他的微笑。

我的记性不好，每当我很开心的时候，我总是很努力地想记得这些时刻。我用我的眼睛、我的耳朵、我的嗅觉，想要牢牢地记住每一个快乐时刻。

那些画面，那些被爱的时刻。

我不敢相信我在这一刻的快乐可以一直存在着，我知道，我没有那种天生的好运，可以拥有那些别人轻而易举得到的幸福快乐。我必须很努力很努力，但是，努力不代表一定会成功。我总是很努力地向前跑，然后，很用力地跌倒。然后，在众目睽睽下再站起来，笑着说我没事，再继续往前跑。他们说，你为什么要这么用力？

我说，因为我若没有尽我百分百的努力，我不敢说，我有真的爱过。

在我所有坚强与成功的背后，我只不过是一个非常没有安全感的女孩。我躲在阴暗的角落发抖，但是当你喊了我，我会努力用我最明亮的能量，给你最温暖的阳光。我一直是这样的人，你看不到我的阴暗角落，你也看不到我发抖，我不想让你担忧。

他们说我很幸运，我已经拥有了很多东西。你问我人生中追求的是什么，人生中最重要的是什么，我会告诉你：

“安全感。”

你可以拥有名、拥有利，拥有那些别人羡慕的东西，但是心底那踏踏实实的安全感，只有你自己知道。那些追求真爱的人，那些满身是伤的人，他们要的总是很简单的东西，他们要的只不过是感情里的安全感。但是，为什么那么多的人不快乐？他们总是说，他要的不过只是对方给他一点安全感，那种能信任、托付自己，没有一点犹豫、怀疑和不肯定的爱情，为什么那样的难？

我也想知道，为什么越简单的东西，反而越来越难得到？

我们要得很多吗？不是的。我们只要你成为我们的避风港，无论我们受到多少委屈和不堪，我们都有最后一个拥抱。我们可以相信你，可以义无反顾地信任你，可以知道即使我见不到你，你的心一定在我这里。我们想要你愿意牵着我们的手，骄傲地跟别人说这是我的女朋友；我们想要你把我当做是一个很重要的人，只要我一回头你就会站在那里的人。我们曾经受过很多伤，我们变得很难信任人，我们或许很难相信单纯爱情的可能。但每当我们一害怕、一担忧的时候，你不会在第一时间责备我们的不安全感，而是告诉我们，你可以给我安全感。

我们只是想要一段认认真真被你承认的关系，而不用再问自己“我是你的谁”；我们想要在任何最真实、最不可爱的时刻，任何会让你讨厌我们的时刻，可以在你面前做自己，而不必烦恼你是不是会不爱我。我们想要在人群面前，你一定会站在我身边，给我最大的支持和力量；我们可以很有自信地相信，你会一直在这里。

每当有人质疑我的时候，你永远会站在我身边，你一定会让我知道，我一点也不孤单。每当我找不到你的时候，我也不用担心害怕，因为我知道，你也一定在找我。每当我们讨论感情的时候，你不会说“不要给我压力”，你不会让我有一点不安的可能；你会给我你的手、你的肩膀，给我信任你的力量，让我不再害怕有一天我会失去了你。

很抱歉我们很没有安全感，所以你必须试着了解我们的不安、恐惧、担心、怀疑。你知道，我们是因为太爱你了，所以觉得很害怕，害怕如果我们又失败了一次，我们到底要怎么相信自己也可以跟别人一样拥有幸福快乐的可能。

我们要得不多，我们只是不要再不安、恐惧、担心、怀疑，这么简单的事情。我们不是悲观，我们只是想在这么混乱的现实世界，相信这世界还有值得我们相信的美好。我们希望有一双手、有一个肩膀、有一个人，可以让我们愿意用生命去相信，而且不管在任何时候，在最后一刻，他绝对不会放开我们的手。

好简单，但是又好难。

如果你问我，我这一辈子一直在追求的是什么，我还是会告诉你，我要的只是，安全感。

# 好命是一种生活态度

谁说“好命”是别人给你的？是你有好父母、有好老公，有了“别人”就能打包票你一生好命、幸福？
“好运”或许是天生的，但“好命”靠的还是你后天的努力。

每天打开报纸杂志，我们总能看到很多名媛名人不断登上头条、封面、电视广告，她们有美满的家庭生活、她们永远保养得比明星还要美丽，她们总是提着最新款的包包，穿上你不会念的品牌衣服，她们让许多女孩羡慕又嫉妒，希望自己也能变成她。

许多女孩看到她们完美生活的报道后，总是叹一口气说：“唉，为什么我的命没她那么好？”

老实说，我也跟一般人一样，看到那些令人羡慕又遥不可及的报道后，也真的很羡慕有些人可以过这种“好像想买什么就买什么”的生活（这时忍不住又很想表演“这个、那个通通包起来”的阔太气势）。但是，回头想想，又觉得自己没那个命，因为我是天生劳碌命，我这辈子的财富都是辛苦财，加上天生就当不惯被人疼的公主，人家对我好一点就好像我欠他几百万一样。

如果真的有老公要我不工作只要帮他花钱，我大概会得忧郁症，然后跪下来跟他说：“拜托，让我去打零工也好！”

大概每个人有每个人的命吧，我很羡慕有些人可以过这样的生活，但是我知道自己不是这块料。我喜欢流汗播种含泪收割的劳碌感，越劳碌越有存在感，这就是我的人生。我也喜欢收到人家送的名牌，但是那样快乐的感觉却没有我辛苦工作好不容易买下来犒赏自己来得爽快、踏实。所以我早认清人各有命，我很羡慕她们，但我不嫉妒，也不想变成她们。

因为，我从来不觉得自己的命不好。

我是一个非常不喜欢抱怨的人，老实说，我从来没有跟别人抱怨过“我的命真的很不好”这件事。不管遇到什么不好的事，甚至别人都觉得我很倒霉，我都不曾真的觉得很糟，甚至我常安慰那些替我不平的人说：“还好啊，我其实并不生气耶！”“没什么吧，小事一件啦，我没放心上！”

因为我觉得，人生不该浪费时间在生气和抱怨上，很多事情换个角度想，人生就变得不一样了！塞翁失马，焉知非福，你遇到的小人或许未来会成为你的贵人，人生本来就有很多考验，浪费时间在抱怨上，不如赶快跨越。

我一直相信人的信念很重要，只要你一直觉得会怎样，通常都会怎么样。觉得自己倒霉的人，很难有好运，因为就算有好事要发生，也会被他搞成坏事；觉得男友会劈腿的人，每天患得患失神经紧张，也会让对方被你逼到真劈腿；觉得自己很幸福的人，每天都会吸引到美好的人事物；觉得自己好命的人，通常命都不会太差。

因为，我觉得“好命”是一种心态、一种生活态度，只要相信自己好命，自然而然，我们会让自己过得越来越好，越来越好运，越来越好命。好命是一种正向的能量和态度，相信自己值得过好人生的人，才会懂得爱自己、让自己更好，珍惜生命中美好的人事物，并有能力让自己往好命的方向迈进。如果连你自己都不相信自己能有好人生，谁还能帮你呢?

相信自己可以成为一个“值得更好”的女生，让自己成为一个“值得爱”的女生，你就会遇到“值得”的另一半。

我是个乐观又知足的人，乐观是我觉得不管发生什么事，只要我用心、努力，最后的结果一定是好事；知足是不要一直想着自己缺少的，而要想自己拥有了多少。只要乐观和知足，即使过着劳碌感的人生，我也很感激自己能有这么多工作机会，虽然辛苦，但是我更应该珍惜自己可以拥有的。我从不觉得自己命不好，那是因为我相信我有能力可以让自己往好命的那条路努力。不管现在好不好，我的未来一定会更好。

看了很多所谓“好命女”的故事，我真的很钦佩她们是很认真地生活、也很认真地从事自己的工作，虽然外面的人看她们总是很羡慕，但是我相信她们要面对的压力不是我们一般人可以想象的。很多事情，我们也只是看表面，有时候人们会觉得某些人很幸运、很好命，但是在幸运与好命的背后，其实是有更多旁人看不见的努力。

当然，好命是一种生活态度，是指像我们一般中产阶级不必烦恼下一顿饭在哪里，还有能力靠自己养活自己，我们并不是那些真正陷入贫穷的人。比较起来，我们更要珍惜自己所拥有的幸福，甚至是生活中小小的幸福。

我常被朋友和我妹妹笑是个很容易满足的人，吃到好吃的东西、搭到有座位的捷运、很幸运地发现什么东西、意外买到便宜的东西，我就会很兴奋地一直讲："哇，我好幸福哦！""耶！真开心！"兴奋得一直重复讲到他们都会说："你很夸张哦！"或许因为太容易知足又不喜欢抱怨，加上很难讨厌人，所以我这种人活得还挺开心的，每天笑嘻嘻。

我觉得自己好命，因为我很容易快乐、知足，也很容易因为小事情觉得自己很幸福。

我相信每个人都有自己不同的人生，我们不用去羡慕别人，有些饭碗不是你能端得起，有些角色也不是你去演就能打从心里笑得开心。做自己，用自己的方式，努力让自己的生活变得更好，懂得善待自己，让自己随时处于"我好幸福"之中，即使只不过是吃到好吃的甜点。你越懂得让自己快乐，你就越好命。

谁说"好命"是别人给你的？是你有好父母、有好老公，有了"别人"就能打包票你一生好命、幸福？我觉得"好命"不是靠别人给你，而是你有能力让自己的命越来越好。

“好运”或许是天生的，但“好命”靠的还是你后天的努力。

我们不必跟别人比，只要跟自己比，我们了解自己的人生，并用自己的步伐努力前进。我们知道自己该走什么样的路，并且努力让自己的路变得更加宽广、明亮。

好命是一种生活态度，因为相信自己会更好，而朝着梦想努力的女人，绝对会让自己往好命的那条路走，即使过程辛苦，必定流汗播种，微笑着含泪收割。

我喜欢当个劳碌感的人，因为越付出越让我觉得自己富有。我所拥有的不只是金钱，而是金钱买不到的意义。或许当个有钱人可以拥有许多，但我相信我拥有的爱与支持更令我觉得富足(比方说是 30 万元的包包和 30 万个读者的支持，我会选择后者)。

我很好命，我不只是好运，我更相信我能创造自己的命运。

# 30 岁的生日愿望

我曾是一颗石头，到了 30 岁后，才找到自己的光芒。

祝福我自己 30 岁以后人生开始向前走，也祝福你们！

在吹熄了 30 岁的生日蜡烛后，我觉得人生重新开始了。二十几岁的我迷惘、冲动、困惑、叛逆，经过这些年的磨炼后，慢慢地，我从一颗尖锐的小石头越磨越亮；慢慢地，发掘了深藏在石头内的钻石，从黯淡的色泽慢慢磨炼出一点点的光芒。

或许很多人觉得我很幸运，在各方面越变越好，也拥有许多人向往的工作和生活。但是，我的确不是一个天生幸运的人，我不觉得我特别聪明、漂亮、有能力，我是通过后天努力让自己越磨越亮，我总是笑称自己走“老运”。

年轻正盛时，我只是一个丑小鸭，不懂自己未来要做什么、不知道自己适合什么型，不断地尝试、改进，羡慕那些年轻时就出风头、懂得玩、又聪明世故的女生。自己真的傻傻笨笨的，但是没想到，多年努力下来，我找到了自己的位置和自信；这一路走来的过程，跌倒再站起来，不断尝试挑战自己，不管是好是坏，我都感谢那些经历让我现在可以成为更好的人。

我更庆幸自己没有在一路成长的过程中做过令自己后悔、误入歧途、会让自己看轻自己的事，我没有向现实低头，也未曾否定自己的价值。我很庆幸，我走的是“老运”，所以我有更多时间锻炼自己，在这个社会里磨炼，而不是年纪轻轻就急着长大，轻易放纵，挥霍了青春。

我曾是一颗石头，到了30岁后，才找到自己的光芒。

迈入30岁的那一刻，我的心里平静又踏实，也不再害怕了。我知道，我已足够坚强也能靠着自己的努力和意志大步地在人生的道路上前进；我的心灵已够富有，足以让每个靠近我的人快乐充实；我喜欢付出爱、懂得爱人，也更珍惜被爱。

尤其是被这么多的广大读者们所爱着，我真的是非常富有、幸福的人呢!

30岁我想许下许多愿望，我希望我能当一个不断付出的人，对每个爱我的人付出，也希望我身边的每个人都要幸福快乐，不管有没有伴，都要努力让自己活得快乐，这是最重要的。

再来，我希望我能够一直不断地写作，不只为我自己而写，也为了喜欢我的读者们努力写下去。当我发现，我的写作事业已经不是“我要不要做”而是“我必须做”的时候，我知道，我已经不能放弃。一旦我放弃经营 Blog、写书，会有许多读者告诉我：“女王，我不能没有你！你一定要继续写下去！”

我再也不只是自己创作，而是为了许多人而写。我从没想过我的一言一句能够影响这么多人，能让许多人走出痛苦找到自信，能改变别人的人生。听到他们对我说感谢，我觉得好有意义。

“女王”的存在，或许对读者已经成为一股精神上的力量了吧(笑)，不管我要不要当女王，我都必须为了这个精神领袖的指标，继续努力下去。因为我知道我的工作是有意义的，我一定要为了这么多人的期待而努力。

写作已经成为我的使命。

每当好忙、好累时，听到读者鼓励的话，我知道，我一点也不孤单。我能够拥有这么多人的支持、祝福和喜爱，真是我最大的福气。常有人说：“女王，我觉得你真好运！”我相信，我的好运，都是因为我拥有这么多人的祝福力量，所以，我真的是非常好命的人！

我的好命不是一般世俗所认定的拥有珠宝豪宅名牌包和好家世……我的好命是我拥有许多真心喜欢我的人，我拥有掌声、支持和太多的爱，这些都不是那些拥有珠宝豪宅名牌包或豪门等所谓好命的人可以用金钱买到的。所以我相信我比他们富有，我珍惜着这得来不易的一切，它们是多么稀有可贵，所以我要继续地、继续地写下去！

30岁的我，很幸运地拥有一个爱我的男人。（啊！写到这里怎么会落泪了呢?）他愿意不畏压力与流言飞语，与一个人家口中的名女人在一起，是需要多么大的勇气啊！

我写两性，但从不自认为是“两性专家”。女王谈了恋爱，也只是一般的女人啊，会做任何的蠢事、会吃醋、会害怕、会犯错、会失误，在爱情面前，我们都只是个小女人。

对我而言，能找到我爱的人很不容易，能找到爱我一切的男人也不容易。年纪越大，能谈一段“不用保护自己而愿意把真心放在手心上交给对方”的感情也越难。因为聪明了、害怕了、没有安全感了，还能够坚持“爱人比被爱幸福”真的需要很大勇气。

或许谈感情这一点，我还是一样是个傻妞，爱上了不保留、不玩游戏、不自抬身价，自以为勇敢地往前冲。不害怕又跌一跤吗？我当然怕，但是，我依然相信，我这么努力，一定值得被爱、值得幸福。

或许一年后、两年后，未来不可预料的世界不是我能掌握的。但是现在，我很珍惜我所拥有的一切。或许有一天我又失恋，或许未来几年我继续当个败犬也好，我不后悔我所经历过的人生，因为我是一直认真地、用心地、真心地过着每一天。

我很幸运能遇见一个好男人，谢谢他的陪伴，也谢谢他让我努力成为一位更好的女人！

我拥有爱情、友情、亲情的陪伴和支持，拥有我最喜欢的事业与亲爱的读者，我真的很幸福！（好吧，写到这里已经哭完了……）

我愿意把我的祝福都献给看着这本书的每一个你，只要愿意相信，你们都一定值得幸福、快乐。我们都要一起努力哦！

祝福我自己30岁以后人生开始向前走，也祝福你们！

你们此刻的笑容就是送给我最好的礼物！